冶金工业建设工程预算定额

（2012 年版）

第九册 冶金炉窑砌筑工程

U0314569

北 京

冶 金 工 业 出 版 社

2013

图书在版编目(CIP)数据

冶金工业建设工程预算定额:2012年版.第九册,冶金炉窑砌筑工程/冶金工业建设工程定额总站编.—北京:冶金工业出版社,2013.1

ISBN 978-7-5024-6109-6

Ⅰ.①冶… Ⅱ.①冶… Ⅲ.①冶金工业—工业炉窑—砌筑—建筑预算定额—中国 Ⅳ.①TU723.3

中国版本图书馆 CIP 数据核字(2012)第 282220 号

出 版 人 谭学余
地 址 北京北河沿大街嵩祝院北巷 39 号,邮编 100009
电 话 (010)64027926 电子信箱 yjcbs@cnmip.com.cn
责任编辑 李培禄 李 臻 美术编辑 彭子赫 版式设计 孙跃红
责任校对 禹 蕊 刘 倩 责任印制 牛晓波
ISBN 978-7-5024-6109-6
冶金工业出版社出版发行;各地新华书店经销;三河市双峰印刷装订有限公司印刷
2013 年 1 月第 1 版,2013 年 1 月第 1 次印刷
850mm×1168mm 1/32;8.625 印张;230 千字;260 页
55.00 元

冶金工业出版社投稿电话:**(010)64027932 投稿信箱:tougao@cnmip.com.cn**
冶金工业出版社发行部 电话:**(010)64044283** 传真:**(010)64027893**
冶金书店 地址:北京东四西大街 46 号(100010) 电话:**(010)65289081**(兼传真)
(本书如有印装质量问题,本社发行部负责退换)

冶金工业建设工程定额总站　文件

冶建定[2012]52号

关于颁发《冶金工业建设工程预算定额》(2012年版)的通知

　　为适应冶金工业建设工程的需要,规范冶金建筑安装工程造价计价行为,指导企业合理确定和有效控制工程造价,由总站组织冶金系统造价专业人员修编的《冶金工业建设工程预算定额》(2012年版)已经完成。经审查,现予以颁发,自2012年11月1日起施行。原冶金工业建设工程定额总站颁发的《冶金工业建设工程预算定额》(2001年版)(共十四册)同时停止执行。

　　本定额由冶金工业建设工程定额总站负责具体解释和日常管理。

冶金工业建设工程定额总站

二〇一二年九月十九日

综 合 组：张德清　林希琤　赵　波　陈　月　张连生　吴永钢　吴新刚　万　缨　乔锡凤　文　萃

孙旭东　陈国裕　郭绍君　付文东　郑　云　朱四宝　杨　明　徐战艰　张福山

主 编 单 位：中国一冶集团有限公司

副主编单位：武汉钢铁（集团）公司

中冶焦耐工程技术有限公司

参 编 单 位：上海宝冶集团有限公司

中国五冶集团有限公司

中冶天工集团有限公司

协 编 单 位：鹏业软件股份有限公司

主　　　编：文　萃　徐　超

副 主 编：涂光慧　任少明

参 编 人 员：江　辉　龚秀琴　林应存　沈瑞平　王志宏　尹忠泽　杨　钢　熊　峰　马　军　征德计

朱晓磊　周　杨　金　琳

编 辑 排 版：赖勇军

总　说　明

一、《冶金工业建设工程预算定额》(2012 年版)共分十四册,包括:

第一册《土建工程》(上、下册)

第二册《地基处理工程》

第三册《机械设备安装工程》(上、下册)

第四册《电气设备安装工程》

第五册《自动化控制仪表安装工程、消防及安全防范设备安装工程》

第六册《金属结构件制作与安装工程》

第七册《总图运输工程》

第八册《刷油、防腐、保温工程》

第九册《冶金炉窑砌筑工程》

第十册《工艺管道安装工程》

第十一册《给排水、采暖、通风、除尘管道安装工程》

第十二册《冶金施工机械台班费用定额》

第十三册《材料预算价格》

第十四册《冶金工厂建设建筑安装工程费用定额》

二、《冶金工业建设工程预算定额》(2012年版)(以下简称本定额)是完成规定计量单位分项工程计价所需的人工、材料、施工机械台班的指导性消耗量标准;是统一冶金建筑安装工程预算工程量计算规则、项目划分、计量单位的依据;是编制冶金建筑安装工程施工图预算、招标控制价、确定工程造价的依据;是编制概算定额(指标)、投资估算指标的基础;也可作为制定企业定额和投标报价的基础;其中建筑安装工程的工程量计算规则、项目划分、计量单位、工作内容等也可作为实行工程量清单计价、编制冶金建筑安装工程量清单的基础依据。

三、本定额适用于冶金工厂的生产车间和与之配套的辅助车间、附属生产车间的新建、扩建工程(包括技术改造工程)。

四、本定额是依据国家及冶金行业现行有关产品标准、设计规范、施工及验收规范、技术操作规程、质量评定标准和安全操作规程编制的,同时也参考了有代表性的工程设计、施工资料和其他资料。

五、本定额是按目前冶金施工企业普遍采用的施工方法、机械化装备程度、合理的工期、施工工艺和劳动组织条件,同时也参考了目前冶金建筑市场招投标工程的中标价格行情进行编制的,基本上反映了冶金建筑市场目前的投标价格水平。

六、本定额基价为2012年基期市场价格的水平,是建筑安装工程费用定额进行取费的基础。为维护冶金建筑市场正常秩序和参建各方的合法权益,本基价应根据冶金建筑安装工程市场要素(人工、材料、机械)价格的变化情况,进行动态管理。冶金行业各单位的工程造价管理部门,可根据社会发展和施工技术水平的进步,依据典型工程的测算,适时发布不同类型(别)工程的调整系数,对其进行调整,使之与冶金建筑市场的招投标价格行情基本上相适应。

七、本定额是按下列正常的施工条件进行编制的：

1.设备、材料、成品、半成品、构件完整无损，符合质量标准和设计要求，附有合格证书、实验记录和技术说明书。

2.安装工程和土建工程之间的交叉作业正常。如施工与生产同时进行时，其降效增加费按人工费的10%计取。

3.正常的气候、地理条件和施工环境。如在特殊的自然地理条件下进行施工的工程，如高原、高寒、沙漠、沼泽地区以及洞库、水下工程，其增加费用应按省、自治区、直辖市的有关规定执行；如省、自治区、直辖市无规定时，可按有关部门的规定执行。

4.如在有害身体健康的环境中施工时，其降效增加费按人工费的10%计取。

5.水、电供应均满足建筑安装工程施工正常使用。

6.安装地点、建筑物、设备基础、预留孔洞等均符合安装要求。

八、人工工日消耗量的确定：

1.本定额的人工工日以综合工日表示，包括基本用工和其他用工。

2.基价中的定额综合工日单价采用2011年市场调查综合取定。其中：建筑工程75元/工日，安装工程80元/工日，包括基本工资、辅助工资和工资性津贴等。

九、材料消耗量的确定：

1.本定额中的材料消耗量包括直接消耗在建筑安装工作内容中的主要材料、辅助材料和零星材料等,并计入了相应损耗。其内容和范围包括:从工地仓库、现场集中堆放地点或现场加工地点到操作或安装地点的运输损耗、施工操作损耗、施工现场堆放损耗。

2.凡定额中未注明单价的材料均为主材,本定额基价中不包括其价格,应按"( )"内所列的用量,向材料供应商询价、招标采购或按经建设单位批准认可的工程所在地的市场价格进行采购,计算工程招投标书中的材料价格。

3.本定额基价的材料单价是采用《冶金工业建设工程预算定额》(2012 年版)第十三册《材料预算价格》取定的,不足部分予以补充。

4.用量少、对定额基价影响很小的零星材料合并为其他材料费,按占定额基价中材料费的百分比计算,以"元"表示,其费用已计入材料费内。具体占材料费的百分数,详见各册说明。

5.施工措施性消耗部分,周转性材料按不同施工方法、不同材质分别列出一次使用量和一次摊销量。

6.主要材料损耗率见各册附录。

十、施工机械台班消耗量的确定:

1.本定额的机械台班消耗量是按正常合理的机械配备和冶金施工企业的机械化装备程度综合取定的。

2.凡单位价值在 2000 元以内、使用年限在两年以内的不构成固定资产的工具、用具等未进入定额,已在建筑安装工程费用定额中考虑。

3. 本定额基价中的施工机械使用费是采用《冶金工业建设工程预算定额》(2012年版)第十二册《冶金施工机械台班费用定额》中的台班单价计算的。其中允许在公路上行走的机械,需要交纳车船使用税的机型,机械台班使用费单价中已包括车船使用税、保险费、年检费等其他费用。

4. 零星小型机械对定额影响不大的,合并为其他机械费,按占机械使用费的百分比计算,以"元"表示,其费用已计入机械使用费内。具体占机械费的百分数,详见各册说明。

十一、施工仪器仪表台班消耗量的确定:

1. 本定额的施工仪器仪表消耗量是按冶金施工企业的现场校验仪器仪表配备情况综合取定的,实际与定额不符时,除各章另有说明外,均不作调整。

2. 凡单位价值在2000元以内、使用年限在两年以内的不构成固定资产的施工仪器仪表等未进入定额,已在建筑安装工程费用定额中考虑。

3. 施工仪器仪表台班单价,是按2000年建设部颁发的《全国统一安装工程施工仪器仪表台班费用定额》计算的。

十二、关于水平和垂直运输:

1. 设备:包括自安装现场指定堆放地点运至安装地点的水平和垂直运输。

2. 材料、成品、半成品:包括自施工单位现场仓库或现场指定堆放地点运至建筑安装地点的水平和垂直运输。

3. 垂直运输基准面:室内以室内地平面为基准面,室外以安装现场地平面为基准面。

十三、本定额适用于海拔高程 2000m 以下、地震烈度七度以下的地区,超过上述情况时,可结合具体情况,由建设单位与施工单位在合同中约定。

十四、本定额中注有"XXX 以内"或"XXX 以下"者均包括 XXX 本身,"XXX 以外"或"XXX 以上"者均不包括 XXX 本身。

十五、本说明未尽事宜,详见各册和各章、节的说明。

目　录

第二章　一般工业炉窑

第三章　不定形耐火材料

册 说 明

一、第九册《冶金炉窑砌筑工程》适用于新建、扩建和技改项目中各种工业炉窑耐火与隔热耐火砌体工程(其中蒸汽锅炉只限于蒸发量每小时在 75t 以内的中、小型蒸汽锅炉工程),不定形耐火材料内衬工程和炉内金具件制作安装工程。

二、本册定额主要依据的标准、规范有:

1.《工业炉砌筑工程施工及验收规范》(GB 50211—2004)。

2.《工业炉砌筑工程质量检验评定标准》(GB 50309—2007)。

3.《通用耐火制品形状尺寸》(GB/T 2992—1998(2004))。

4.《耐火制品的分型和定义》(GB 10324—88)。

5.《职业性接触毒物危害程度分级标准》。

6.《工业企业的粉尘最高允许浓度》。

7.《常见有害气体对人体的危害程度》。

8.有关行业补充定额、典型工程测定、调查总结资料及设计图纸。

9.《全国统一施工机械台班费用定额》(2012 年)。

10.《全国统一安装工程基础定额》(炉窑砌筑工程 GJD 208—2006)。

三、本册定额中主材含量系按现行国家技术标准中规定的设计容重计算,如与实际产品容重不符时,允许按实际容重进行调整。

四、本册定额中的炭块、石墨块、大型组合砖的定额消耗量是按成品条件考虑的,如果用毛坯自行加工时,可按批准的施工方案另行计算加工中所发生的人工、材料与施工机械台班量的消耗。

五、本册定额以炉底标高为炉内垂直运输基准面。

六、本册定额的工作内容除各章节已说明的工序外,还包括:砌筑地点的清扫、放线、做标记、立线杆、材料运输(包括装卸码垛)、泥浆搅拌(包括添加剂或渗合料中的困料)、干摆验缝、砌筑(或大块砌体安装)、临时砖加工、勾缝、质量自检、清废外运等。如果是不定形耐火材料施工,还包括喷涂、浇注、捣打、养护、涂抹、贴挂、紧固与支模脱模等工序。

七、本册定额的其他说明:

1. 定额中常用的专业炉项目,系按综合扩大、简明适用的原则进行编制的,即不分部位、造型、结构、砌体类别,以主要工序带次要工序,通过有代表性的典型工程加权平均测算取定的,定额中已包括了:选砖、预砌筑、集中砖加工、二次勾缝与吹风清扫等工序,而列入一般(通用)工业炉的项目,仍保持解体结构内容,在使用中不得混淆。

2. 定额中磨、切砖机所需碳化硅砂轮、碳化硅砂轮片和金刚石砂轮片的消耗量,已列入定额材料栏中。

3. 定额中已明确规定的砌体类别按规定执行,未规定砌体类别的适用于各类砌体。

4. 定额规定的火泥牌号和品种与设计要求不符时,允许进行换算,但定额消耗量和损耗率均不得调整。

5. 焦炉的施工大棚搭拆与焦炉烘炉、热态等三项工程,按摊销比例和系数包干的方法计算,详见章说明与工程量计算规则。

八、关于下列各项费用的规定:

脚手架搭拆费用根据工程量的大小,分别按下表计算:

脚手架搭拆费用

工程量（m³）	占人工费（%）
500 以内	10
500~2000	8
2000 以上	5.5

注：1. 表中工程量系指单座炉窑或系统工程中单个炉窑。

  2. 本定额中专业炉工程不计取超高费（已综合考虑在定额中）；一般（通用）工业炉窑和钢结构烟囱内衬喷涂工程，施工高度超过标高 40m 以上的工程，超高部分人工、机械费乘以系数 1.3。

  3. 安装与生产同时进行增加的费用，按人工费的 10% 计算。

  4. 在有害身体健康的环境中施工增加的费用，按人工费的 10% 计算。

工程量计算规则

一、为统一冶金炉窑砌筑工程预算工程量的计算，制订本规则。

二、本规则适用于冶金炉窑砌筑工程施工图设计阶段编制工程预算及工程量清单，也适用于工程设计变更后的工程量计算。本规则与《冶金工业建设工程预算定额》相配套，作为确定冶金炉窑砌筑工程造价及消耗量的基础。

三、冶金炉窑砌筑工程量除依据《冶金工业建设工程预算定额》及本规则各项规定外，还应依据以下文件：

  1. 经审定的施工设计图纸及其说明。

2.经审定的施工组织设计或施工技术措施方案。

3.经审定的其他有关技术经济文件。

四、本规则的计算尺寸以设计图纸表示的或设计图纸能读出的尺寸为准。除另有规定外,工程量的计量单位应按下列规定计算:

1.以体积计算的为立方米(m^3)。

2.以面积计算的为平方米(m^2)。

3.以长度计算的为米(m)。

4.以重量为单位的为吨(t)。

汇总工程量时,其准确度取值:m^3、m^2、m 以下取两位;t 以下取三位。两位或三位小数后的位数按四舍五入取舍。

五、计算工程量时,应依施工图纸顺序,分部、分项依次计算,并尽可能采用计算表格及计算机计算,简化计算过程。

第一节 说 明

一、炉窑砌筑工程量的计算,应按施工阶段的设计图纸(包括修改后的设计文件)上标明的尺寸计算,未标明尺寸的部位可按比例尺测算。

二、炉窑砌筑工程量的计量,应按炉窑部位、砖种与施工顺序,根据定额的要求,依次计算。

三、在计算工程量时,不扣除下列情况构成的体积:

1.小于 25mm 的膨胀缝所占的体积。

2.断面积小于 0.02 m² 的孔洞。

3.断面积小于 0.06 m²、长度(或深度)不超过 1m 的孔洞。

4.炉门喇叭口的斜坡。

5.墙根交叉处的小斜坡。

四、凡由异、特型耐火砖(或制品)拼砌而成的孔洞,或异、特型耐火砖本身所带的孔洞均应扣除其体积。

五、本册定额第一章专业炉窑中 15 个炉种的炉窑砌筑消耗量中,已综合了选砖、预砌筑、砖加工(临时和集中)、吹风清扫(包括吸尘)以及二次勾缝等辅助工序的消耗量。

第二节　专业炉

一、高炉本体的工程量不分部位按砖种计算,炉体各部所需的条子砖,如用定形耐火砖改型加工,其加工损失量按定额有关规定处理。

二、凡设计要求采用母砖加工成子砖后组装成结合砖的高炉与热风炉各部位,其工程量按加工后实体体积计算,其加工损失量允许按大样图计算。

三、高炉炭捣压下量按 45% 计算。

四、热风炉一般耐火喷涂回弹率按 40% 计算,球顶和连络管按 50% 计算。

五、高炉内吊盘工程量按炉内最大直径处计算。

六、焦炉钢结构施工大棚的折旧计算规定:

1.钢架支柱、横梁按五次计算。

2.钢屋架、轨道按四次计算。

3. 支撑、拉杆按三次计算。

4. 檩条、梯子、电力设备按二次计算。

5. 屋面瓦、围护墙瓦、照明设备按一次计算。注：如采用镀锌瓦铁皮应考虑回收率25%。

6. 大棚折旧周期按2.5年计算，其中使用期1年，闲置期1.5年。

7. 仓储费、维护保养费按闲置1.5年实际发生费用计取。

焦炉烘炉工作大棚使用期间应计取费用＝工作棚摊销费＋仓储费＋保养费。

七、焦炉烘炉、热态工程计取办法如下：

1. 凡炭化室高度为4300mm以下的焦炉，其烘炉、热态工程费用按焦炉本体砌筑工程直接费的6%计取。

2. 凡炭化室高度为4300mm以上，7630mm以下的焦炉，其烘炉、热态工程费用按焦炉本体砌筑工程直接费的4%计取。

纳入焦炉烘炉、热态工程包干系数内的项目明细如下：

(1) 炭化室高度在4300mm以下的焦炉包括：烘炉火床铺石英砂，烘炉火床砌黏土质火砖，装煤孔盖周围用泥浆密封，烘炉小灶挡风板，保护板做防水层，炉端正面砌黏土质耐火砖，小炉头砌红砖、黏土质耐火砖，烘炉孔堵塞子砖，炉顶拉条沟砌盖砖，炉顶表面红砖重砌，炉顶、小炉头、保护板灌浆，炉顶拉条沟吹风清扫，炉体正面二次勾缝，炭化室底磨板灌浆，端墙正面胀缝石棉绳严密并抹灰，斜道正面胀缝石棉绳严密，炉顶正面胀缝石棉绳严密，保护板上部接头与底部石棉绳严密，小烟道承插口和石棉绳严密并抹灰，废气瓣与烟道弯管连接处石棉绳严密并抹灰，上升管底座石棉绳严密并抹灰，桥管与水封阀连接处严密并抹灰，蓄热室隔热罩安装后石棉绳密封，保护板与炉肩、保护板与炉门框间勾缝，炉顶横拉条沟墙填隔热浇注料，炉顶纵拉条沟砂浆找平，蓄热室、炭化室封墙刷浆，拆除烘炉火床、小灶及烟囱，拆除炭化室封墙、临时小炉头防水层,废物外运。

（2）炭化室高度在4300mm以上,7630mm以下的焦炉包括:烘炉火床铺石英砂黏土质耐火砖,烘炉小灶及烟囱砌筑,装煤孔盖周围灰浆密封,保护板做防水层,炉顶表面缸砖重砌,炉顶拉条沟砌盖砖,炉顶灌浆,小炉头砌黏土质耐火砖,炉门、烘炉孔堵塞子砖,炉顶表面缸砖重砌,小炉头灌浆,保护板灌浆,砖煤气道灌浆,炭化室磨板灌浆,炉顶拉条沟、保护板灌浆孔,砖煤气道等部位吹风清扫二次勾缝,端墙正面胀缝石棉绳严密后抹灰,斜道正面胀缝石棉绳严密,炉顶正面胀缝石棉绳严密,保护板接头处与底部、小烟道与废衬管、衬管与废气瓣及烟道弯管连接处石棉绳严密后抹灰,上升管底座石棉绳密封后抹灰,桥管与水封阀连接处密封,蓄热室隔热罩安装后石棉绳密封,测温孔四周石棉绳严密后抹灰,炉肩与保护板、保护板与炉门框间勾抹严密,炉底下喷管四周勾缝抹灰,横拉条沟填隔热浇注料,纵拉条沟填耐火浇注料,拆除烘炉火床、小灶及烟囱,拆除临时小炉头及防水层。

（3）除此之外,在以上两个不同系列的焦炉烘炉热态工作中,还应包括热态作业的特殊劳保消耗。烘炉热态工程项目比例见下表。

焦炉烘炉热态工程包干系数

单位:%

序号	炭化室高度	包干系数(占工程直接费)			
		合计	烘炉工程	热态工程	热态劳保
1	4300mm以下焦炉	6	1.45	3.14	1.41
2	4300mm以上,7630mm以下焦炉	4	0.29	3.02	0.69

八、焦炉的炉体砌筑工程量,原则上应根据图示尺寸按实体体积计算。

九、在焦炉按交货公差允许范围内的异、特型耐火砖设计备用量,不得计入砌筑工程量。

十、焦炉设计采用标准型耐火砖(包括红砖、隔热耐火砖),需作改型加工时,应按改型后实体体积计算工程量,其加工损失量参照定额有关规定执行。

十一、凡炼钢转炉设计采用带有有效使用期的耐火制品,在交货公差允许范围内的备品不在工程量计算范围以内。装运保存制品的密封金属集装箱,其启、封、割焊工程量,参照相应定额另行计算。

十二、电炉熔池反拱底垫层工程量,按平均厚度计算。

十三、混铁车的受铁口、出铁口所占体积应予扣除,罐底突出斜坡按高度的平均值计算。

十四、加热炉(包括连续式加热炉、环形加热炉、步进式加热炉)炉体工程量计算,除异特型烧嘴砖在自身造型上的孔洞要扣除外,其他采用加工砖形成的看孔口、窥视孔均不扣除。

十五、环形加热炉炉体结构中,凡采用砖加工或浇注料为金属拉固件或锚固件所预留的沟缝或胀缝可不扣除。

十六、步进式加热炉梁柱耐火浇注料不包括异型模板,应按图示尺寸另行计算,根据建炉座数考虑摊销比例。

十七、回转窑圆形砌体内衬不支拱胎采用活动撑砖器,其消耗含量已包括在定额中,不再计算工程量。

第三节　一般工业炉窑

一、一般工业炉窑工程量应按砖种、部位、造型、砖型,按主要工序和次要工序分别计算,如需改型加工,其加工损失量按定额规定执行。

二、如遇数量不大(小于 15m³ 以下)造型特别,而体积计算过于繁琐的砖型或部位,可按设计图纸标明的单重折算成体积。根据耐火制品的净用量所占体积,换算成砌体工程量,公式如下:

$$V = W \times S/R \div P$$

式中，V 为工程量（m³）；W 为耐火砖单重；S 为复杂部位设计需用耐火砖块数；P 为每立方米砌体净用量中耐火砖所占体积；R 为定额取定容重。

三、管道衬砖工程量按砖种、砖型、内衬直径大小（划分为 $\varphi 1m$ 以上，$\varphi 1m$ 以下两个级别）分别计算，如采用隔热耐火砖作内衬时，不必按工作层与非工作层分别划项计算。

四、管道衬砖（包括烟道）遇岔口时，其砌体工程量除按图形计算外，还可根据岔口造型，按下表增加工程量。

<h3 align="center">每一个管道岔口增加工程量表</h3>

单位：m³/个

编号	1	2	3	4	5	6	7
管道直径							
1m 以下	0.1	0.2	0.06	0.18	0.2	0.4	0.12×节数
1m 以上	0.18	0.36	0.08	0.44	0.36	0.72	0.16×节数

注：1. 如烟道岔口增加工程量为管道相应项目的 1/2；2. 异径管道可按大直径计算。

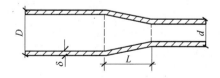

变径管规格示意图

D—变径管大口直径；d—变径管小口直径；δ—衬砖厚度；L—变径管长度

第四节　不定形耐火材料

一、耐火喷涂料的工程量计算以"10m²"为计量单位,所有炉窑分部位及造型,按重质、轻质和纤维质耐火喷涂分别计算。喷涂回弹率(包括修型损失量)的计算公式如下:

$$V_0 = P \times (1 + K)$$

式中,V_0 为定额消耗量;P 为定额净用量;K 为定额回弹率。

二、炉壳需用除锈处理时,可按接触面积计算。

三、耐火可塑料按实体体积计算工程量,不得因具有压缩比要求而增加工程量。

四、耐火浇注料中如设计要求埋设钢筋或辅挂钢丝网时,其搭接长度或面积可一并计入工程量。

五、耐火捣打料工程量按料实体体积计算,不分部位、结构、造型,按热打和冷打划分项目,不得因有压缩比要求而增加工程量。

六、不定形耐火材料施工模板(除步进梁用异型钢模板外)已按"m³"摊入定额内,不得重复计算。

第五节　辅助工程

一、选砖:凡属要求达到特类、Ⅰ类和Ⅱ类砌体的项目全部选砖,Ⅲ类以下砌体,除施工验收规范上有特殊要求并注明者外(如焦炉),一般不选砖。

二、机械磨砖。

特类砌体:允许100%全部六面磨砖;

Ⅰ类砌体:允许不超过砌筑用量的 25% ;四面磨砖;

Ⅱ类砌体:允许不超过砌筑用量的 15% ;两面磨砖。

注:磨砖面积折算为:两大面占 59% ,两小面占 30% ,两小头占 25% 。

三、机械切砖。计算机械切砖必须具备以下两条:

1. 设计上有要求。

2. 设计配砖与砌体造型有矛盾。

集中机械切砖的总比例,应控制不超过总砌体用量的 10% 。

四、预砌筑。

1. 球形顶:除有设计注明者外,一般按总量的 25% 计算(本条亦适用于反拱底结构)。

2. 弧形顶:除有设计注明者外,一般按工作面砖层预砌筑四环(本条亦适用于吊挂炉顶)。

3. 烧嘴砖:全部预砌筑、手工研磨。一般不考虑机械磨切,套组合砖预组装子目。

4. 圆弧形孔洞(包括人孔、原料进口、成品出口、检修孔、废料出口等)工作面砖按总量的 50% 预砌筑。

5. 格子砖:除设计注明者外,一般考虑预砌筑两层,如格孔变化可以叠增,仍允许按两层考虑。

第一章　专业炉窑

说　　明

一、本章定额适用于已列明的专业炉窑。其他工业炉窑执行第二章"一般工业炉窑"定额。

二、本章定额中的专业炉项目，已综合了因砌筑部位不同、造型结构不同、配用砖型不同、砌体质量类别不同和砌筑方法不同而造成的差异因素。

三、本章定额项目的工作内容，主要有砌筑地点的清扫与准备、放线、做标记、立线杆、材料的运输装卸、码垛、泥浆搅拌(包括添加剂中和)、砌筑(或吊装)、临时磨(切)砖(含手加工)、原浆勾缝、质量自检与清废外运。此外还综合扩大了在砌筑(或吊装)前的选砖、预砌筑、集中砖加工、二次勾缝、吹风清扫或吸尘等。

四、本章定额不包括各专业炉窑中的烟道砌体、不定形耐火材料与辅助工程，发生时可分别执行本定额的二、三、四章相应项目。

五、有关问题的说明：

1. 焦炉(包括蓄热室分格焦炉)：

(1) 焦炉定额中已综合包括了二次勾缝、吹风清扫或吸尘、镶铁件等次要工序的人工、材料、施工机械台班消耗量。

(2) 大中型焦炉炉体施工垂直运输，本定额按桥式吊考虑，如实际施工采用卷扬机或其他方式运输时，一律不得调整。

(3) 焦炉施工大棚的搭拆、烘炉与热态等三项工程，另定有统一的计算办法及包干系数，发生时可参照执行。详见预算工程量计算规则。

2.干熄焦系列：

（1）干熄焦定额中已综合包括了熄焦罐罐体、除尘器、管道与余热锅炉等系列工程。

（2）干熄焦锥形炉顶,如设计采用标准型耐火砖或隔热砖作内衬时,所发生的改型加工费用,可按施工方案另行计算。

3.高炉：

（1）高炉定额包括炉本体、热风炉、热风管、上升管、下降管、除尘器与渣铁沟等系列工程。热风炉烟道执行本定额第二章"一般工业炉窑"相应项目。

（2）本定额已考虑高炉、热风炉某些部位使用大型组合砖的因素,但未包括组合砖因采用毛坯由母砖通过金刚石磨砖机加工组装成子砖的消耗,发生时可按批准的方案另行计算。

（3）高炉系统工程施工中采用的大型吊盘,不在脚手架搭拆包干系数的计算范围,发生时可按批准的方案另行计算。

（4）管式热风炉执行第二章"一般工业炉窑"相应定额。

4.鱼雷形混铁车:本定额中已考虑了鱼雷形混铁车的特异造型所造成的砖加工因素（包括机械和手工）,执行中不得调整。

5.炼钢转炉:如设计采用有效使用期的大型白云石砌块作内衬时,其发生的密闭式金属集装箱开封人工、材料、机械消耗可按批准的方案另行计算。

6.电炉:本定额已考虑电极孔砖加工因素与耐火砖改型的损耗。

7.步进式加热炉：

（1）步进式加热炉附属金属烟囱耐火喷涂工程,执行本定额第三章"不定形耐火材料"相应项目。

（2）本定额未包括步进式加热炉烘炉前的可塑料的修整养护工作。

8. 立式退火炉:

耐火纤维毯、硅钙板、纤维模块参照本定额第四章相应定额子目执行,相应的子目人工乘以系数1.2。

9. 环形加热炉:

(1)本定额亦适用于环形退火炉。

(2)本定额不包括金具件的制作安装,发生时执行第四章相应项目。

10. 均热炉:

(1)均热炉烟道工程按本定额第二章"一般工业炉窑"相应项目执行。

(2)均热炉换热室碳化硅管砖接头加工,定额内已作考虑。

11. 罩式热处理炉:本定额未编入贴挂耐火纤维毡板项目,发生时执行第四章相应项目。

12. 回转窑:

(1)本定额已考虑回转窑窑体砌筑所应用的金属撑砖器摊销因素,不论采取任何措施或砌砖方法均不得另计。

(2)窑体直径小于1.5m的回转窑,执行第二章"一般工业炉窑"中管道内衬定额。

13. 隧道窑:隧道窑定额中已综合考虑了窑车砌筑工程因素。

14. 连续式直立炉(俗称城市煤气炉):

(1)本定额按焦化煤气炉结构编制。一般煤气发生炉工程应执行第二章"一般工业炉窑"定额相应项目。

(2)本炉种施工中不需搭设施工工作棚。烘炉中炭化室刷浆与精整工程定额中已考虑,不得执行"焦炉三项工程"计算办法与包干系数。

15. 蒸汽锅炉：

（1）本定额包括蒸发量 75t/h 以下各种重型炉墙结构,轻型炉墙结构执行本册第三章"不定形耐火材料"工程相应项目。地下作业应执行全统第三册《热力设备安装工程》相应项目。

（2）蒸汽锅炉保温、刷油、防腐蚀工程可执行第八册《刷油、防腐、保温工程》相应项目。

（3）本定额未考虑蒸汽锅炉的烘炉及投产前的维护工作,发生时可按批准的方案另行计算。

一、冶金炉窑

1. 炼焦炉

(1)炭化室高4.3m以下炼焦炉

单位:m³

定 额 编 号			9-1-1	9-1-2	9-1-3	9-1-4	9-1-5
项 目			红砖	硅藻土隔热砖	黏土质耐火砖	硅砖	高铝砖
基 价 (元)			**592.45**	**462.55**	**1074.12**	**951.56**	**1442.96**
其中	人 工 费 (元)		280.50	242.18	605.18	605.25	692.18
	材 料 费 (元)		238.28	162.04	345.11	233.85	588.87
	机 械 费 (元)		73.67	58.33	123.83	112.46	161.91
名 称	单位	单价(元)	数		量		
人工 综合工日	工日	75.00	3.740	3.229	8.069	8.070	9.229
材 料 红砖100号	块	—	(546.000)	—	—	—	—
硅藻土隔热砖 GG-0.7	t	—	—	(0.639)	—	—	—
黏土质耐火砖 N-2a	t	—	—	—	(2.060)	—	—
硅砖 JG-94	t	—	—	—	—	(1.845)	—
高铝砖 LZ-65	t	—	—	—	—	—	(2.538)
黏土质耐火泥浆 NN-42	kg	1.11	200.000	60.000	220.000	—	—
普通硅酸盐水泥 42.5	kg	0.36	40.000	—	—	—	—
硅藻土粉 熟料120目	kg	0.68	—	140.000	—	—	—
硅质火泥 GF-90 不分粒度	kg	0.34	—	—	—	210.000	—
高铝质火泥 LF-70 细粒	kg	1.86	—	—	—	—	260.000

单位:m³

定 额 编 号			9-1-1	9-1-2	9-1-3	9-1-4	9-1-5
项 目			红砖	硅藻土隔热砖	黏土质耐火砖	硅砖	高铝砖
材 料	橡胶板 各种规格	kg	9.68	–	–	–	0.200	0.200
	水玻璃	kg	1.10	–	–	3.500	–	–
	油毛毡	m²	2.86	–	–	0.350	0.350	0.350
	一等板方材 综合	m³	2050.00	–	–	0.030	0.030	0.030
	发泡苯乙烯	kg	37.66	–	–	0.200	0.200	0.200
	镀锌铁皮 δ=0.8~1	kg	5.89	–	–	0.240	0.240	0.240
	油纸	m²	2.50	–	–	0.510	0.510	0.510
	添加剂	kg	11.65	–	–	–	5.600	–
	冷轧薄钢板 δ=2~2.5	kg	4.90	–	–	1.100	1.100	1.100
	碳化硅砂轮片 KVP300mm×25mm×32mm	个	148.09	–	–	0.021	0.020	0.022
	碳化硅砂轮片 φ400×25×(3~4)	片	29.56	0.050	–	–	–	–
	合金钢切割片(大理石切割片)φ600	片	720.00	–	–	0.021	0.019	0.029
	水	t	4.00	0.100	0.060	0.180	0.130	0.270
机 械	灰浆搅拌机 200L	台班	126.18	0.070	0.150	0.070	0.070	0.070
	电动空气压缩机 10m³/min	台班	519.44	–	–	0.010	0.010	0.010
	磨砖机 4kW	台班	213.88	–	–	0.070	0.070	0.110
	金刚石切砖机 2.2kW	台班	42.90	0.040	–	0.100	0.090	0.210
	离心通风机 335~1300m³/min	台班	96.53	–	–	0.080	0.050	0.110
	平衡重式叉车 3t	台班	221.23	0.130	0.080	0.170	0.150	0.220
	卷扬机带塔 3~5t(H=40m)	台班	180.83	0.190	0.120	0.250	0.230	0.310

定　额　编　号			9-1-6	9-1-7	9-1-8	9-1-9
项　　　　　目			缸砖	红柱石砖	堇青石砖	格子砖
单　　　　　位			m³			t
基　　价（元）			**1232.53**	**1703.40**	**856.65**	**180.97**
其中	人　工　费（元）		499.05	821.10	580.05	140.48
	材　料　费（元）		601.45	699.77	161.93	2.90
	机　械　费（元）		132.03	182.53	114.67	37.59
名　　　　　称	单位	单价(元)	数		量	
人工 综合工日	工日	75.00	6.654	10.948	7.734	1.873
材料 缸砖	t	—	(2.119)	—	—	—
红柱石砖	t	—	—	(2.696)	—	—
堇青石砖	t	—	—	—	(1.990)	—
格子砖	t	—	—	—	—	(1.023)
黏土质耐火泥浆 NN-42	kg	1.11	400.000	—	—	—
高铝质火泥 LF-70 细粒	kg	1.86	—	260.000	—	—
普通硅酸盐水泥 42.5	kg	0.36	190.000	—	—	—
硅质火泥 GF-90 不分粒度	kg	0.34	—	—	210.000	—
橡胶板 各种规格	kg	9.68	0.200	0.200	0.200	0.300

定 额 编 号				9-1-6	9-1-7	9-1-8	9-1-9
项 目				缸砖	红柱石砖	堇青石砖	格子砖
材	冷却液	kg	9.50	–	10.640	–	–
	油毛毡	m²	2.86	0.350	0.350	0.350	–
	一等板方材 综合	m³	2050.00	0.030	0.030	0.030	–
	发泡苯乙烯	kg	37.66	0.200	0.200	0.200	–
	镀锌铁皮 δ=0.8~1	kg	5.89	0.240	0.240	0.240	–
	油纸	m²	2.50	0.510	0.510	0.510	–
	冷轧薄钢板 δ=2~2.5	kg	4.90	1.100	1.100	1.100	–
	碳化硅砂轮片 KVP300mm×25mm×32mm	个	148.09	0.010	0.040	0.020	–
料	合金钢切割片(大理石切割片)φ600	片	720.00	0.010	0.040	0.010	–
	水	t	4.00	0.080	0.080	0.080	–
机	灰浆搅拌机 200L	台班	126.18	0.070	0.070	0.070	
	电动空气压缩机 10m³/min	台班	519.44	0.010	0.010	0.010	
	磨砖机 4kW	台班	213.88	0.040	0.120	0.070	
	金刚石切砖机 2.2kW	台班	42.90	0.020	0.370	0.090	
	离心通风机 335~1300m³/min	台班	96.53	0.040	0.170	0.050	
械	平衡重式叉车 3t	台班	221.23	0.220	0.230	0.160	0.080
	卷扬机带塔 3~5t(H=40m)	台班	180.83	0.310	0.330	0.230	0.110

（？）炭化室高 4.3～6m 炼焦炉

单位：m³

定　额　编　号			9-1-10	9-1-11	9-1-12	9-1-13	9-1-14	9-1-15
项　　　目			红砖	硅藻土隔热砖	黏土质耐火砖	高铝砖	硅砖	缸砖
基　　价　（元）			**568.81**	**424.84**	**1012.35**	**1448.81**	**899.48**	**1134.58**
其中	人　工　费　（元）		256.50	216.00	569.70	718.20	577.80	436.73
	材　料　费　（元）		238.28	162.04	344.67	591.45	233.33	603.37
	机　械　费　（元）		74.03	46.80	97.98	139.16	88.35	94.48
名　　　称	单位	单价（元）	数				量	
人工 综合工日	工日	75.00	3.420	2.880	7.596	9.576	7.704	5.823
材料 红砖 100 号	块	－	(546.000)	－	－	－	－	－
硅藻土隔热砖 GG－0.7	t	－	－	(0.639)	－	－	－	－
黏土质耐火砖 N－2a	t	－	－	－	(2.064)	－	－	－
高铝砖 LZ－65	t	－	－	－	－	(2.540)	－	－
硅砖 JG－94	t	－	－	－	－	－	(1.841)	－
缸砖	t	－	－	－	－	－	－	(2.116)
普通硅酸盐水泥 42.5	kg	0.36	40.000	－	－	－	－	190.000
黏土质耐火泥浆 NN－42	kg	1.11	200.000	60.000	220.000	－	－	400.000
高铝质火泥 LF－70 细粒	kg	1.86	－	－	－	260.000	－	－
硅质火泥 GF－90 不分粒度	kg	0.34	－	－	－	－	210.000	－
硅藻土粉 熟料 120 目	kg	0.68	－	140.000	－	－	－	－
水玻璃	kg	1.10	－	－	3.000	－	－	－

定 额 编 号			9-1-10	9-1-11	9-1-12	9-1-13	9-1-14	9-1-15
项 目			红砖	硅藻土隔热砖	黏土质耐火砖	高铝砖	硅砖	缸砖
材料	添加剂	kg	11.65	–	–	–	–	5.600	–
	油毛毡	m²	2.86	–	–	0.350	0.350	0.350	0.350
	一等板方材 综合	m³	2050.00	–	–	0.030	0.030	0.030	0.030
	发泡苯乙烯	kg	37.66	–	–	0.200	0.200	0.200	0.200
	镀锌铁皮 δ=0.8~1	kg	5.89	–	–	0.240	0.240	0.240	0.240
	油纸	m²	2.50	–	–	0.510	0.510	0.510	0.510
	橡胶板 各种规格	kg	9.68	–	–	0.200	0.200	0.200	0.200
	铁件	kg	5.30	–	–	1.100	1.100	1.100	1.100
	碳化硅砂轮片 KVP300mm×25mm×32mm	个	148.09	–	–	0.010	0.030	0.010	0.020
	碳化硅砂轮片 φ400×25×(3~4)	片	29.56	0.050	–	–	–	–	–
	合金钢切割片(大理石切割片)φ600	片	720.00	–	–	0.020	0.030	0.020	0.010
	水	t	4.00	0.100	0.060	0.200	0.330	0.080	0.080
机械	灰浆搅拌机 200L	台班	126.18	0.070	0.150	0.070	0.110	0.070	0.070
	磨砖机 4kW	台班	213.88	–	–	0.060	0.110	0.060	0.020
	切砖机 5.5kW	台班	209.48	0.040	–	–	–	–	–
	金刚石切砖机 2.2kW	台班	42.90	–	–	0.120	0.270	0.100	0.020
	离心通风机 335~1300m³/min	台班	96.53	0.140	–	0.060	0.120	0.030	0.020
	电动空气压缩机 10m³/min	台班	519.44	–	–	0.010	0.010	0.010	0.010
	平衡重式叉车 3t	台班	221.23	0.130	0.080	0.180	0.220	0.160	0.220
	桥式吊车 5t	台班	145.41	0.100	0.070	0.140	0.170	0.130	0.170

定　额　编　号			9-1-16	9-1-17	9-1-18	9-1-19
项　　　　　目			堇青石砖	格子砖	滑动层	
					钢板制作	钢板铺设
单　　　　　位			m³	t	10m²	
基　　价　（元）			**952.33**	**164.06**	**1659.20**	**1289.24**
其中	人　工　费　（元）		544.50	124.88	1217.25	797.25
	材　料　费　（元）		279.29	11.30	306.08	474.42
	机　械　费　（元）		128.54	27.88	135.87	17.57
名　　　称	单位	单价(元)	数		量	
人工 综合工日	工日	75.00	7.260	1.665	16.230	10.630
材料 堇青石砖	t	－	(1.990)	－	－	－
格子砖	t	－	－	(1.023)	－	－
硅质火泥 GF-90 不分粒度	kg	0.34	210.000	－	－	－
冷轧薄钢板 δ=2~2.5	kg	4.90	－	－	12.000	－
镀锌薄钢板 δ=0.5~0.9	kg	5.25	－	－	47.100	－
油毛毡	m²	2.86	0.350	－	－	12.000
一等板方材 综合	m³	2050.00	0.030	－	－	－
发泡苯乙烯	kg	37.66	0.200	0.300	－	－
镀锌铁皮 δ=0.8~1	kg	5.89	0.240	－	－	－

定 额 编 号			9-1-16	9-1-17	9-1-18	9-1-19
项 目			堇青石砖	格子砖	滑动层	
					钢板制作	钢板铺设
材	油纸	m²	2.50	0.510	–	–	–
	黄干油 钙基脂	kg	9.78	–	–	–	45.000
	橡胶板 各种规格	kg	9.68	0.200	–	–	–
	铁件	kg	5.30	1.100	–	–	–
料	碳化硅砂轮片 KVP300mm×25mm×32mm	个	148.09	0.030	–	–	–
	合金钢切割片(大理石切割片)φ600	片	720.00	0.012	–	–	–
	冷却液	kg	9.50	12.000	–	–	–
	水	t	4.00	0.080	–	–	–
机	灰浆搅拌机 200L	台班	126.18	0.110	–	–	–
	磨砖机 4kW	台班	213.88	0.110	–	–	–
	金刚石切砖机 2.2kW	台班	42.90	0.270	–	–	–
	离心通风机 335~1300m³/min	台班	96.53	0.010	–	–	–
	电动空气压缩机 10m³/min	台班	519.44	0.010	–	–	–
	平衡重式叉车 3t	台班	221.23	0.220	0.080	–	0.040
	桥式吊车 5t	台班	145.41	0.170	0.070	–	0.060
械	剪板机 13mm×2500mm	台班	221.90	–	–	0.180	–
	联合冲剪机 16mm	台班	252.44	–	–	0.380	–

（3）炭化室高 6～7.03m 炼焦炉

定 额 编 号			9-1-20	9-1-21	9-1-22	9-1-23	9-1-24	9-1-25
项 目			红砖	硅藻土隔热砖	漂珠砖	黏土质耐火砖	高铝砖	硅砖
基 价 （元）			**608.61**	**459.46**	**771.61**	**1148.03**	**1537.63**	**1016.53**
其中	人 工 费 （元）		294.75	248.40	416.25	654.75	825.75	657.00
	材 料 费 （元）		238.57	162.04	252.86	348.88	588.46	269.05
	机 械 费 （元）		75.29	49.02	102.50	144.40	123.42	90.48
名 称	单位	单价（元）		数			量	
人工 综合工日	工日	75.00	3.930	3.312	5.550	8.730	11.010	8.760
材料 红砖 100 号	块	－	(546.000)	－	－	－	－	－
硅藻土隔热砖 GG－0.7	t	－	－	(0.639)	－	－	－	－
漂珠砖 PG－0.9	t	－	－	－	(0.869)	－	－	－
黏土质耐火砖 N－2a	t	－	－	－	－	(2.064)	－	－
高铝砖 LZ－65	t	－	－	－	－	－	(2.540)	－
硅砖 JG－94	t	－	－	－	－	－	－	(1.841)
黏土质耐火泥浆 NN－42	kg	1.11	200.000	60.000	220.000	220.000		
硅藻土粉 熟料 120 目	kg	0.68	－	140.000	－	－	－	－
高铝质火泥 LF－70 细粒	kg	1.86	－	－	－	－	260.000	
硅质火泥 GF－90 不分粒度	kg	0.34	－	－	－	－		230.000
普通硅酸盐水泥 42.5	kg	0.36	40.000	－	－	－		
水玻璃	kg	1.10	－	－	－	3.000	－	－
添加剂	kg	11.65	－	－	－	－	－	5.600
油毛毡	m²	2.86	－	－	0.360	0.360	0.360	0.360
一等板方材 综合	m³	2050.00	－	－	－	0.030	0.030	0.030

定 额 编 号			9-1-20	9-1-21	9-1-22	9-1-23	9-1-24	9-1-25
项 目			红砖	硅藻土隔热砖	漂珠砖	黏土质耐火砖	高铝砖	硅砖
材	发泡苯乙烯	kg	37.66	–	–	–	0.270	0.270	0.270
	镀锌铁皮 δ=0.8~1	kg	5.89	–	–	–	0.240	0.240	0.240
	冷轧薄钢板 δ=2~2.5	kg	4.90	–	–	–	1.100	1.100	1.100
	包装布	m²	8.00	–	–	–	0.090	0.090	0.090
	塑料薄膜	m²	0.76	–	–	–	0.200	0.200	0.200
	铝箔	m²	14.50	–	–	–	–	–	1.600
	铝板 各种规格	kg	18.90	–	–	–	–	–	0.080
	碳化硅砂轮片 KVP300mm×25mm×32mm	个	148.09	–	–	0.010	0.010	0.030	0.010
	碳化硅砂轮片 φ400×25×(3~4)	片	29.56	0.060	–	0.200	–	–	–
	合金钢切割片(大理石切割片)φ600	片	720.00	–	–	–	0.020	0.020	0.020
	石棉编绳 φ6~10 烧失量20%	kg	10.14	–	–	–	0.060	0.060	0.060
料	油纸	m²	2.50	–	–	–	0.712	0.712	0.712
	橡胶板 各种规格	kg	9.68	–	–	–	0.200	0.200	0.200
	水	t	4.00	0.100	0.060	0.060	0.200	0.330	0.080
机	灰浆搅拌机 200L	台班	126.18	0.080	0.150	0.140	0.100	0.070	0.070
	磨砖机 4kW	台班	213.88	–	–	0.050	0.120	0.060	0.070
	切砖机 5.5kW	台班	209.48	0.040	–	0.120	–	–	–
	金刚石切砖机 2.2kW	台班	42.90	–	–	–	0.160	0.270	0.100
	电动空气压缩机 10m³/min	台班	519.44	–	–	–	0.030	0.010	0.010
	离心通风机 335~1300m³/min	台班	96.53	0.140	–	0.120	0.200	0.120	0.030
	直流弧焊机 20kW	台班	209.44	–	–	–	0.020	–	–
械	平衡重式叉车 3t	台班	221.23	0.130	0.090	0.110	0.180	0.220	0.160
	桥式吊车 5t	台班	145.41	0.100	0.070	0.090	0.140	0.170	0.130

定 额 编 号			9-1-26	9-1-27	9-1-28	9-1-29
项 目			缸砖	格子砖	滑动层	
					钢板制作	钢板铺设
单 位			m³	t	10m²	
基 价 （元）			**1210.28**	**180.92**	**1775.80**	**1368.74**
其中	人 工 费 （元）		502.50	143.25	1338.75	876.75
	材 料 费 （元）		613.30	9.79	301.18	474.42
	机 械 费 （元）		94.48	27.88	135.87	17.57
名 称	单位	单价(元)	数			量
人工 综合工日	工日	75.00	6.700	1.910	17.850	11.690
材料 缸砖	t	–	(2.116)	–	–	–
格子砖	t	–	–	(1.023)	–	–
黏土质耐火泥浆 NN－42	kg	1.11	400.000	–	–	–
普通硅酸盐水泥 42.5	kg	0.36	190.000	–	–	–
油毛毡	m²	2.86	0.360	–	–	12.000
一等板方材 综合	m³	2050.00	0.030	–	–	–
发泡苯乙烯	kg	37.66	0.270	0.260	–	–
镀锌铁皮 δ＝0.8～1	kg	5.89	0.240	–	–	–
冷轧薄钢板 δ＝2～2.5	kg	4.90	1.100	–	11.000	–
镀锌薄钢板 δ＝0.5～0.9	kg	5.25	–	–	47.100	–

定 额 编 号			9-1-26	9-1-27	9-1-28	9-1-29
项 目			缸砖	格子砖	滑动层	
					钢板制作	钢板铺设
材	包装布	m²	8.00	0.090	–	–	–
	塑料薄膜	m²	0.76	0.200	–	–	–
	碳化硅砂轮片 KVP300mm×25mm×32mm	个	148.09	0.010	–	–	–
	合金钢切割片(大理石切割片) φ600	片	720.00	0.020	–	–	–
	石棉编绳 φ6~10 烧失量 20%	kg	10.14	0.060	–	–	–
	油纸	m²	2.50	0.712	–	–	–
料	橡胶板 各种规格	kg	9.68	0.200	–	–	–
	黄干油 钙基脂	kg	9.78	–	–	–	45.000
	水	t	4.00	0.080	–	–	–
机	灰浆搅拌机 200L	台班	126.18	0.070	–	–	–
	磨砖机 4kW	台班	213.88	0.020	–	–	–
	金刚石切砖机 2.2kW	台班	42.90	0.020	–	–	–
	电动空气压缩机 10m³/min	台班	519.44	0.010	–	–	–
	离心通风机 335~1300m³/min	台班	96.53	0.020	–	–	–
	平衡重式叉车 3t	台班	221.23	0.220	0.080	–	0.040
	桥式吊车 5t	台班	145.41	0.170	0.070	–	0.060
械	剪板机 13mm×2500mm	台班	221.90	–	–	0.180	–
	联合冲剪机 16mm	台班	252.44	–	–	0.380	–

（4）分格式炼焦炉

单位:m³

定　额　编　号			9-1-30	9-1-31	9-1-32	9-1-33
项　　　　　目			红砖	硅藻土隔热砖	漂珠砖	黏土质耐火砖
基　　价（元）			**556.36**	**425.71**	**860.37**	**1170.60**
其中	人　工　费（元）		261.00	214.65	346.95	691.88
	材　料　费（元）		236.80	162.04	410.92	332.52
	机　械　费（元）		58.56	49.02	102.50	146.20
名　　　称	单位	单价（元）	数		量	
人工 综合工日	工日	75.00	3.480	2.862	4.626	9.225
材料 红砖 100 号	块	–	(550.000)	–	–	–
硅藻土隔热砖 GG-0.7	t	–	–	(0.641)	–	–
漂珠砖 PG-0.9	t	–	–	–	(0.869)	–
黏土质耐火砖 N-2a	t	–	–	–	–	(2.083)
黏土质耐火泥浆 NN-42	kg	1.11	200.000	60.000	–	218.000
硅藻土粉 熟料 120 目	kg	0.68	–	140.000	–	–
高铝质火泥 LF-70 细粒	kg	1.86	–	–	220.000	–
普通硅酸盐水泥 42.5	kg	0.36	40.000	–	–	–
水玻璃	kg	1.10	–	–	–	3.130
油毛毡	m²	2.86	–	–	–	0.350
一等板方材 综合	m³	2050.00	–	–	–	0.020
发泡苯乙烯	kg	37.66	–	–	–	0.200
镀锌铁皮 δ=0.8~1	kg	5.89	–	–	–	0.240

续前
单位:m³

定 额 编 号			9-1-30	9-1-31	9-1-32	9-1-33
项 目			红砖	硅藻土隔热砖	漂珠砖	黏土质耐火砖
材 料	冷轧薄钢板 δ=2~2.5	kg	4.90	–	–	–	1.100
	包装布	m²	8.00	–	–	–	0.100
	塑料薄膜	m²	0.76	–	–	–	0.200
	聚酯乙烯泡沫塑料	kg	28.40	–	–	–	0.440
	碳化硅砂轮片 KVP300mm×25mm×32mm	个	148.09	–	–	0.010	0.030
	合金钢切割片(大理石切割片)φ600	片	720.00	–	–	–	0.010
	石棉编绳 φ6~10 烧失量20%	kg	10.14	–	–	–	0.050
	石棉板 δ=8~10	m²	5.74	–	–	–	0.200
	油纸	m²	2.50	–	–	–	0.510
	橡胶板 各种规格	kg	9.68	–	–	–	0.200
	水	t	4.00	0.100	0.060	0.060	0.200
机 械	灰浆搅拌机 200L	台班	126.18	0.150	0.150	0.140	0.100
	磨砖机 4kW	台班	213.88			0.050	0.120
	切砖机 5.5kW	台班	209.48	–	–	0.120	–
	金刚石切砖机 2.2kW	台班	42.90				0.160
	电动空气压缩机 10m³/min	台班	519.44				0.030
	离心通风机 335~1300m³/min	台班	96.53			0.120	0.200
	吸尘器 V3-85	台班	4.39	–	–	–	0.410
	直流弧焊机 20kW	台班	209.44				0.020
	平衡重式叉车 3t	台班	221.23	0.120	0.090	0.110	0.180
	桥式吊车 5t	台班	145.41	0.090	0.070	0.090	0.140

单位:见表

定 额 编 号			9-1-34	9-1-35	9-1-36	9-1-37
项 目			高铝砖	硅砖	缸砖	格子砖
单 位			m³			t
基 价 (元)			**1612.74**	**915.94**	**1250.64**	**165.41**
其中	人 工 费 (元)		832.95	612.00	545.40	126.23
	材 料 费 (元)		594.43	160.59	570.89	11.30
	机 械 费 (元)		185.36	143.35	134.35	27.88
名 称	单位	单价(元)	数		量	
人工 综合工日	工日	75.00	11.106	8.160	7.272	1.683
材料 高铝砖 LZ-65	t	–	(2.525)	–	–	–
硅砖 JG-94	t	–	–	(1.839)	–	–
缸砖	t	–	–	–	(2.123)	–
格子砖	t	–	–	–	–	(1.023)
黏土质耐火泥浆 NN-42	kg	1.11	–	–	398.000	–
高铝质火泥 LF-70 细粒	kg	1.86	257.000	–	–	–
硅质火泥 GF-90 不分粒度	kg	0.34	–	216.000	–	–
普通硅酸盐水泥 42.5	kg	0.36	–	–	196.000	–
水玻璃	kg	1.10	–	0.090	–	–
油毛毡	m²	2.86	0.350	0.350	–	–
一等板方材 综合	m³	2050.00	0.020	0.020	0.020	–
发泡苯乙烯	kg	37.66	0.200	0.200	–	0.300
镀锌铁皮 δ=0.8~1	kg	5.89	0.240	0.240	–	–

· 33 ·

定 额 编 号			9-1-34	9-1-35	9-1-36	9-1-37
项 目			高铝砖	硅砖	缸砖	格子砖
材 料	冷轧薄钢板 δ=2~2.5	kg	4.90	1.100	1.100	1.100	–
	包装布	m²	8.00	0.100	0.100	–	–
	塑料薄膜	m²	0.76	0.200	0.200	–	–
	聚酯乙烯泡沫塑料	kg	28.40	0.440	0.440	–	–
	碳化硅砂轮片 KVP300mm×25mm×32mm	个	148.09	0.030	0.030	0.020	–
	合金钢切割片(大理石切割片)φ600	片	720.00	0.050	0.010	0.010	–
	石棉编绳 φ6~10 烧失量20%	kg	10.14	0.050	0.050	0.050	–
	石棉板 δ=8~10	m²	5.74	0.200	0.200	0.200	–
	油纸	m²	2.50	0.510	0.510	0.010	–
	橡胶板 各种规格	kg	9.68	0.200	0.200	–	–
	水	t	4.00	0.330	0.190	0.080	–
机 械	灰浆搅拌机 200L	台班	126.18	0.100	0.100	0.100	–
	磨砖机 4kW	台班	213.88	0.140	0.110	0.080	–
	金刚石切砖机 2.2kW	台班	42.90	0.320	0.140	0.060	–
	电动空气压缩机 10m³/min	台班	519.44	0.030	0.040	0.030	–
	离心通风机 335~1300m³/min	台班	96.53	0.360	0.170	0.080	–
	吸尘器 V3-85	台班	4.39	0.410	0.410	0.410	–
	直流弧焊机 20kW	台班	209.44	0.010	0.010	0.010	–
	平衡重式叉车 3t	台班	221.23	0.220	0.160	0.220	0.080
	桥式吊车 5t	台班	145.41	0.180	0.170	0.180	0.070

(5)干熄焦系列

单位:m³

定 额 编 号			9-1-38	9-1-39	9-1-40	9-1-41
项 目			熄焦罐		一次除尘	
			致密黏土砖	硅藻土隔热砖	致密黏土砖	硅藻土隔热砖
基 价 (元)			**1922.35**	**489.21**	**1997.70**	**502.31**
其 中	人 工 费 (元)		1297.50	269.25	1289.25	273.75
	材 料 费 (元)		281.32	162.04	304.47	170.64
	机 械 费 (元)		343.53	57.92	403.98	57.92
名 称	单位	单价(元)	数		量	
人 工 综合工日	工日	75.00	17.300	3.590	17.190	3.650
材 料 致密黏土砖	t	–	(2.416)	–	(2.385)	–
硅藻土隔热砖 GG-0.7	t	–	–	(0.648)	–	(0.650)
耐火纤维毡 δ=10mm 硅酸铝	kg	24.00	0.144	–	0.144	–
黏土质耐火泥浆 NN-42	kg	1.11	181.000	60.000	187.000	80.000
硅藻土粉 熟料 120 目	kg	0.68	–	140.000	–	120.000
一等板方材 综合	m³	2050.00	0.022	–	0.022	–

单位:m³

定　额　编　号			9-1-38	9-1-39	9-1-40	9-1-41
项　　　目			熄焦罐		一次除尘	
			致密黏土砖	硅藻土隔热砖	致密黏土砖	硅藻土隔热砖
材 料	黄板纸	m²	1.10	0.330	–	0.290	–
	油纸	m²	2.50	0.100	–	0.070	–
	发泡苯乙烯	kg	37.66	–	0.220	–
	碳化硅砂轮片 KVP300mm×25mm×32mm	个	148.09	0.060	–	0.070	–
	合金钢切割片(大理石切割片)φ600	片	720.00	0.030	–	0.040	–
	水	t	4.00	0.190	0.060	0.100	0.060
机 械	灰浆搅拌机 200L	台班	126.18	0.380	0.150	0.470	0.150
	磨砖机 4kW	台班	213.88	0.450	–	0.580	–
	金刚石切砖机 2.2kW	台班	42.90	0.500		0.670	
	金刚石磨光机	台班	56.10	0.290		0.330	
	离心通风机 335~1300m³/min	台班	96.53	0.540		0.710	
	电动葫芦(单速)2t	台班	51.76	0.360		0.270	
	平衡重式叉车 3t	台班	221.23	0.190	0.070	0.190	0.070
	卷扬机带塔 3~5t(H=40m)	台班	180.83	0.270	0.130	0.270	0.130

定 额 编 号				9-1-42	9-1-43	9-1-44
项　　　　目				玄武岩板 $\delta = 25mm$	莫来石砖	碳化硅砖
单　　　　位				$10m^2$	m^3	
基　　价　（元）				**3014.70**	**3292.37**	**4345.34**
其中	人　工　费　（元）			1958.25	2331.75	1683.75
	材　料　费　（元）			506.16	556.65	2201.15
	机　械　费　（元）			550.29	403.97	460.44
名　　　　称		单位	单价（元）	数		量
人工	综合工日	工日	75.00	26.110	31.090	22.450
材料	玄武岩板	t	—	(0.679)	—	—
	莫来石砖	t	—	—	(2.847)	—
	碳化硅砖	t	—	—	—	(2.610)
	黏土火泥 GN-42	kg	1.11	328.000	—	—
	一等板方材 综合	m^3	2050.00	0.058		0.033
	黄板纸	m^2	1.10	1.250	—	5.000
	碳化硅砂轮片 KVP300mm×25mm×32mm	个	148.09	0.050	0.060	0.230

定 额 编 号			9-1-42	9-1-43	9-1-44
项 目			玄武岩板 $\delta = 25mm$	莫来石砖	碳化硅砖
材 料	合金钢切割片(大理石切割片) $\phi600$	片 720.00	0.020	0.080	0.100
	高铝质火泥 LF-70 细粒	kg 1.86	-	197.000	-
	碳化硅粉	kg 9.50	-	-	176.000
	高铝生料粉	kg 0.66	-	-	20.000
	卤水块	kg 4.00	-	-	58.000
	冷却液	kg 9.50	-	13.000	11.000
	水	t 4.00	-	0.060	0.060
机 械	灰浆搅拌机 200L	台班 126.18	0.550	0.380	0.090
	磨砖机 4kW	台班 213.88	1.260	0.540	0.590
	金刚石切砖机 2.2kW	台班 42.90	0.080	0.900	0.620
	金刚石磨光机	台班 56.10	0.380	0.100	2.520
	离心通风机 335~1300m³/min	台班 96.53	1.260	0.930	0.520
	电动葫芦(单速) 2t	台班 51.76	0.530	-	-
	平衡重式叉车 3t	台班 221.23	0.080	0.220	0.220
	卷扬机带塔 3~5t($H = 40m$)	台班 180.83	0.110	0.320	0.310

2. 炼铁高炉（含热风炉附属设备）
（1）300m³ 以下高炉系列
① 高炉本体

单位：m³

定 额 编 号			9-1-45	9-1-46	9-1-47	9-1-48
项 目			黏土质耐火砖		高铝砖	
			普通泥浆	高强泥浆	普通泥浆	高强泥浆
基 价 （元）			**1074.15**	**1584.45**	**1723.03**	**1999.19**
其中	人 工 费 （元）		650.55	738.15	1131.45	1071.60
	材 料 费 （元）		202.40	646.60	329.63	665.64
	机 械 费 （元）		221.20	199.70	261.95	261.95
名 称	单位	单价（元）	数		量	
人工 综合工日	工日	75.00	8.674	9.842	15.086	14.288
材料 黏土质耐火砖 GN-42	t	–	(2.196)	(2.196)	–	–
高铝砖 GL-65	t	–	–	–	(2.850)	(2.806)
黏土质耐火泥浆 NN-42	kg	1.11	160.000	–	–	–
高铝质火泥 LF-70 细粒	kg	1.86	–	–	145.000	–
高强泥浆	kg	1.95	–	200.000	–	200.000

续前

定　额　编　号			9-1-45	9-1-46	9-1-47	9-1-48
项　　　　目			黏土质耐火砖		高铝砖	
			普通泥浆	高强泥浆	普通泥浆	高强泥浆
材 料	添加剂	kg	11.65	–	20.000	–	20.000
	碳化硅砂轮片 KVP300mm×25mm×32mm	个	148.09	0.020	0.010	0.160	0.040
	合金钢切割片(大理石切割片)φ600	片	720.00	0.030	0.030	0.050	0.050
	水	t	4.00	0.060	0.130	0.060	0.180
机 械	灰浆搅拌机 200L	台班	126.18	0.300	0.300	0.300	0.300
	泥浆泵 φ50mm	台班	199.87	0.100	0.100	0.100	0.100
	磨砖机 4kW	台班	213.88	0.120	0.030	0.110	0.110
	金刚石切砖机 2.2kW	台班	42.90	0.150	0.210	0.290	0.290
	离心通风机 335~1300m³/min	台班	96.53	0.120	0.070	0.160	0.160
	金刚石磨光机	台班	56.10	0.510	0.510	0.510	0.510
	电动葫芦(单速)2t	台班	51.76	0.260	0.260	0.700	0.700
	平衡重式叉车 3t	台班	221.23	0.220	0.220	0.250	0.250
	卷扬机带塔 3~5t(H=40m)	台班	180.83	0.160	0.160	0.180	0.180

②热风炉

定 额 编 号		9-1-49	9-1-50	9-1-51	9-1-52	9-1-53
项 目		硅藻土隔热砖	黏土质耐火砖		黏土格子砖	
			普通泥浆	高强泥浆	板、浪型	多孔
单 位		m³			t	
基 价 （元）		**529.79**	**1019.50**	**1418.65**	**187.17**	**209.00**
其中	人 工 费 （元）	300.00	665.48	685.43	151.05	171.75
	材 料 费 （元）	174.08	196.05	633.16	0.72	1.85
	机 械 费 （元）	55.71	157.97	100.06	35.40	35.40
名 称	单位	单价（元）	数		量	
人工 综合工日	工日	75.00	4.000	8.873	9.139	2.014	2.290
材料 硅藻土隔热砖 GG-0.7	t	• -	(0.637)	-	-	-	-
黏土质耐火砖 RN-40	t	-	-	(2.105)	(2.103)	-	-
黏土格子砖	t	-	-	-	-	(1.020)	(1.030)
硅藻土粉 熟料 120 目	kg	0.68	112.000	-	-	-	-
黏土质耐火泥浆 NN-42	kg	1.11	88.000	160.000	-	-	-
高强泥浆	kg	1.95	-	-	200.000	-	-

定　额　编　号			9-1-49	9-1-50	9-1-51	9-1-52	9-1-53
项　　　　目			硅藻土隔热砖	黏土质耐火砖		黏土格子砖	
				普通泥浆	高强泥浆	板、浪型	多孔
材料	添加剂	kg	11.65	–	–	20.000	–	–
	碳化硅砂轮片 KVP300mm×25mm×32mm	个	148.09	–	0.060	0.004	–	–
	合金钢切割片(大理石切割片)φ600	片	720.00	–	0.010	0.010	0.001	0.001
	一等板方材 综合	m³	2050.00	–	0.001	0.001	–	–
	发泡苯乙烯	kg	37.66	–	–	–	–	0.030
	黄板纸	m²	1.10	–	0.070	0.070	–	–
	水	t	4.00	0.060	0.060	0.060	–	–
机械	灰浆搅拌机 200L	台班	126.18	0.150	0.140	0.150	–	–
	磨砖机 4kW	台班	213.88	–	0.250	0.010	–	–
	金刚石切砖机 2.2kW	台班	42.90	–	0.120	0.120	0.010	0.010
	离心通风机 335~1300m³/min	台班	96.53	–	0.110	0.010	–	–
	金刚石磨光机	台班	56.10	–	0.020	0.020	–	–
	平衡重式叉车 3t	台班	221.23	0.060	0.120	0.120	0.060	0.060
	卷扬机带塔 3~5t(H=40m)	台班	180.83	0.130	0.240	0.250	0.120	0.120

(2)300~750m³ 高炉系列
①高炉本体

单位:m³

定 额 编 号			9-1-54	9-1-55	9-1-56	9-1-57	9-1-58	9-1-59	9-1-60
项 目			黏土质耐火砖		高铝砖		炭砖	刚玉砖	铝碳砖
			普通泥浆	高强泥浆	普通泥浆	高强泥浆			
基 价（元）			**1047.79**	**1554.83**	**1725.82**	**2126.98**	**1690.90**	**2623.87**	**2095.09**
其中	人 工 费（元）		565.73	642.00	966.15	1136.48	1034.55	1434.98	1107.98
	材 料 费（元）		202.40	646.64	397.56	665.64	158.70	780.86	667.34
	机 械 费（元）		279.66	266.19	362.11	324.86	497.65	408.03	319.77
名 称	单位	单价（元）	数			量			
人工 综合工日	工日	75.00	7.543	8.560	12.882	15.153	13.794	19.133	14.773
材 黏土质耐火砖 GN-42	t	—	(2.196)	(2.200)	—	—	—	—	—
高铝砖 GL-65	t	—	—	—	(2.806)	(2.808)	—	—	—
炭砖	t	—	—	—	—	—	(1.608)	—	—
刚玉砖	t	—	—	—	—	—	—	(3.112)	—
铝碳砖 TKL-1	t	—	—	—	—	—	—	—	(2.505)
黏土质耐火泥浆 NN-42	kg	1.11	160.000	—	—	—	—	—	—
高铝质火泥 LF-70 细粒	kg	1.86	—	—	190.000	—	—	—	—
高强泥浆	kg	1.95	—	200.000	—	200.000	—	—	190.000
添加剂	kg	11.65	—	20.000	—	20.000	—	20.000	20.000
料 细缝糊	kg	2.50	—	—	—	—	33.000	—	—
刚玉火泥	kg	1.79	—	—	—	—	—	190.000	—

定 额 编 号			9-1-54	9-1-55	9-1-56	9-1-57	9-1-58	9-1-59	9-1-60
项 目			黏土质耐火砖		高铝砖		炭砖	刚玉砖	铝碳砖
			普通泥浆	高强泥浆	普通泥浆	高强泥浆			
材料	一等板方材 综合	m³	2050.00	–	–	–	–	0.030	–	–
	煤油	kg	4.20	–	–	–	–	3.500	–	–
	碳化硅砂轮片 KVP300mm×25mm×32mm	个	148.09	0.020	0.010	0.050	0.040	–	–	0.010
	合金钢切割片(大理石切割片)φ600	片	720.00	0.030	0.030	0.050	0.050	–	0.130	0.060
	冷却液	kg	9.50	–	–	–	–	–	12.000	2.000
	水	t	4.00	0.060	0.140	0.190	0.180	–	0.040	0.040
机械	灰浆搅拌机 200L	台班	126.18	0.260	0.260	0.260	0.260	–	0.260	0.260
	泥浆泵 φ50mm	台班	199.87	0.200	0.200	0.200	0.200	–	0.200	0.200
	磨砖机 4kW	台班	213.88	0.120	0.050	0.230	0.110	–	–	0.120
	金刚石切砖机 2.2kW	台班	42.90	0.150	0.230	0.290	0.290	–	0.600	0.310
	离心通风机 335~1300m³/min	台班	96.53	0.120	0.100	0.280	0.160	–	0.450	0.280
	金刚石磨光机	台班	56.10	1.020	1.020	1.020	1.020	–	1.530	1.020
	电动葫芦(单速)2t	台班	51.76	0.350	0.350	0.600	0.600	1.200	0.600	0.220
	真空吸盘	台班	49.00	–	–	–	–	0.600	–	–
	真空泵 204m³/h	台班	257.92	–	–	–	–	0.600	–	–
	炭砖研磨机	台班	56.10	–	–	–	–	0.180	–	–
	电动空气压缩机 10m³/min	台班	519.44	–	–	–	–	0.300	–	–
	平衡重式叉车 3t	台班	221.23	0.250	0.250	0.320	0.320	0.280	0.470	0.320
	卷扬机带塔 3~5t(H=40m)	台班	180.83	0.180	0.180	0.230	0.230	0.130	0.250	0.230

②热风炉

定 额 编 号			9-1-61	9-1-62	9-1-63	9-1-64	9-1-65	9-1-66
项 目			硅藻土隔热砖	黏土质隔热耐火砖	黏土质耐火砖		高铝砖	
					普通泥浆	高强泥浆	普通泥浆	高强泥浆
基 价 （元）			**518.28**	**838.37**	**940.47**	**1446.61**	**1561.11**	**1728.73**
其中	人 工 费 （元）		292.88	527.25	592.80	720.38	927.00	960.45
	材 料 费 （元）		171.50	212.31	193.93	630.40	404.76	650.62
	机 械 费 （元）		53.90	98.81	153.74	95.83	229.35	117.66
名 称	单位	单价（元）	数		量			
人工 综合工日	工日	75.00	3.905	7.030	7.904	9.605	12.360	12.806
材料 硅藻土隔热砖 GG-0.7	t	—	(0.637)	—	—	—	—	—
黏土质隔热耐火砖 NG-1.3a	t	—	—	(1.246)	—	—	—	—
黏土质耐火砖 RN-40	t	—	—	—	(2.105)	(2.101)	—	—
高铝砖 RL-55	t	—	—	—	—	—	(2.465)	(2.403)
硅藻土粉 熟料 120 目	kg	0.68	118.000	—	—	—	—	—
黏土质耐火泥浆 NN-42	kg	1.11	82.000	184.000	160.000	—	—	—
高铝质火泥 LF-70 细粒	kg	1.86	—	—	—	—	190.000	—

单位:m³

定 额 编 号			9-1-61	9-1-62	9-1-63	9-1-64	9-1-65	9-1-66
项 目			硅藻土隔热砖	黏土质隔热耐火砖	黏土质耐火砖		高铝砖	
					普通泥浆	高强泥浆	普通泥浆	高强泥浆
材 料	高强泥浆	kg	1.95	–	–	–	200.000	–	200.000
	添加剂	kg	11.65	–	–	–	20.000	–	20.000
	碳化硅砂轮片 KVP300mm×25mm×32mm	个	148.09	–	0.005	0.060	–	0.170	0.010
	碳化硅砂轮片 φ400×25×(3~4)	片	29.56	–	0.240	–	–	–	–
	合金钢切割片(大理石切割片)φ600	片	720.00	–	–	0.010	0.010	0.030	0.030
	一等板方材 综合	m³	2050.00	–	–	–	–	0.002	0.002
	黄板纸	m²	1.10	–	–	–	–	0.220	0.220
	水	t	4.00	0.060	0.060	0.060	0.050	0.060	0.050
机 械	灰浆搅拌机 200L	台班	126.18	0.150	0.150	0.140	0.150	0.140	0.140
	磨砖机 4kW	台班	213.88		0.050	0.240	–	0.480	0.030
	金刚石切砖机 2.2kW	台班	42.90	–	0.120	0.120	0.120	0.120	0.120
	金刚石磨光机	台班	56.10			–	–	0.070	0.070
	离心通风机 335~1300m³/min	台班	96.53		0.120	0.100	–	0.190	0.030
	平衡重式叉车 3t	台班	221.23	0.060	0.090	0.120	0.120	0.140	0.140
	卷扬机带塔 3~5t(H=40m)	台班	180.83	0.120	0.180	0.240	0.250	0.280	0.280

单位：t

定　额　编　号			9-1-67	9-1-68	9-1-69
项　　　目			黏土格子砖		高铝格子砖（多孔）
			板、浪型	多孔	
基　价（元）			**188.23**	**218.73**	**233.45**
其中	人　工　费（元）		148.95	168.15	171.75
	材　料　费（元）		1.52	12.82	21.15
	机　械　费（元）		37.76	37.76	40.55
名　　　称	单位	单价（元）	数		量
人工 综合工日	工日	75.00	1.986	2.242	2.290
材料 黏土格子砖	t	－	(1.020)	(1.030)	－
高铝格子砖	t	－	－	－	(1.030)
合金钢切割片（大理石切割片）$\phi600$	片	720.00	0.002	0.002	0.003
发泡苯乙烯	kg	37.66	－	0.300	0.500
水	t	4.00	0.020	0.020	0.040
机械 金刚石切砖机 2.2kW	台班	42.90	0.020	0.020	0.040
离心通风机 335～1300m³/min	台班	96.53	0.020	0.020	0.040
平衡重式叉车 3t	台班	221.23	0.060	0.060	0.060
卷扬机带塔 3～5t（$H=40m$）	台班	180.83	0.120	0.120	0.120

（3）750～5000m³ 高炉系列
①高炉本体

定　额　编　号			9-1-70	9-1-71	9-1-72	9-1-73	9-1-74	9-1-75
项　　　目			黏土质耐火砖		高铝砖		炭砖	刚玉砖
			普通泥浆	高强泥浆	普通泥浆	高强泥浆		
基　　价（元）			**1061.86**	**1741.97**	**1638.54**	**2105.65**	**1637.88**	**2757.06**
其中	人　工　费（元）		540.83	799.43	845.03	1080.15	1048.13	1609.58
	材　料　费（元）		202.40	652.32	397.20	665.48	158.70	780.74
	机　械　费（元）		318.63	290.22	396.31	360.02	431.05	366.74
名　　　称	单位	单价（元）	数			量		
人工 综合工日	工日	75.00	7.211	10.659	11.267	14.402	13.975	21.461
材料 黏土质耐火砖 GN-42	t	—	(2.196)	(2.198)	—	—	—	—
高铝砖 GL-65	t	—	—	—	(2.806)	(2.811)	—	—
炭砖	t	—	—	—	—	—	(1.608)	—
刚玉砖	t	—	—	—	—	—	—	(3.109)
黏土质耐火泥浆 NN-42	kg	1.11	160.000	—	—	—	—	—
高铝质火泥 LF-70 细粒	kg	1.86	—	—	190.000	—	—	—
高强泥浆	kg	1.95	—	200.000	—	200.000	—	—
添加剂	kg	11.65	—	20.000	—	20.000	—	20.000
细缝糊	kg	2.50	—	—	—	—	33.000	—
刚玉火泥	kg	1.79	—	—	—	—	—	190.000

续前

定 额 编 号			9-1-70	9-1-71	9-1-72	9-1-73	9-1-74	9-1-75
项 目			黏土质耐火砖		高铝砖		炭砖	刚玉砖
			普通泥浆	高强泥浆	普通泥浆	高强泥浆		
材料	一等板方材 综合	m³	2050.00	–	–	–	–	0.030	–
	煤油	kg	4.20	–	–	–	–	3.500	–
	碳化硅砂轮片 KVP300mm×25mm×32mm	个	148.09	0.020	0.050	0.050	–	–	–
	合金钢切割片(大理石切割片)φ600	片	720.00	0.030	0.030	0.050	0.058	–	0.130
	冷却液	kg	9.50	–	–	–	–	–	12.000
	水	t	4.00	0.060	0.080	0.100	0.180	–	0.010
机械	灰浆搅拌机 200L	台班	126.18	0.210	0.210	0.210	0.210	–	0.210
	泥浆泵 φ50mm	台班	199.87	0.270	0.270	0.270	0.270	–	0.270
	磨砖机 4kW	台班	213.88	0.120	0.020	0.230	0.110	–	–
	金刚石切砖机 5kW	台班	55.32	0.150	0.180	0.290	0.290	–	0.600
	离心通风机 335~1300m³/min	台班	96.53	0.120	0.030	0.280	0.170	–	0.450
	金刚石磨光机	台班	56.10	1.530	1.530	1.530	1.530	–	1.020
	电动葫芦(单速)2t	台班	51.76	0.090	0.090	0.490	0.490	1.100	0.490
	真空吸盘	台班	49.00	–	–	–	–	0.490	–
	真空泵 204m³/h	台班	257.92	–	–	–	–	0.490	–
	炭砖研磨机	台班	56.10	–	–	–	–	0.150	–
	电动空气压缩机 10m³/min	台班	519.44	–	–	–	–	0.250	–
	平衡重式叉车 3t	台班	221.23	0.290	0.290	0.320	0.320	0.280	0.370
	卷扬机带塔 3~5t(H=40m)	台班	180.83	0.210	0.210	0.230	0.230	0.130	0.250

定　额　编　号			9-1-76	9-1-77	9-1-78	9-1-79	9-1-80
项　　　　目			刚玉块	硅线石砖	碳化硅砖	铝碳化硅砖	莫来石砖
基　　　价　（元）			**2853.69**	**2429.97**	**2005.78**	**1773.55**	**2499.43**
其 中	人　工　费（元）		1655.93	1293.23	960.45	919.13	1318.20
	材　料　费（元）		573.14	759.10	695.74	521.34	793.20
	机　械　费（元）		624.62	377.64	349.59	333.08	388.03
名　　　　称	单位	单价（元）	数		量		
人工 综合工日	工日	75.00	22.079	17.243	12.806	12.255	17.576
材 料	刚玉块	t	–	(3.116)	–	–	–	–
	硅线石砖 H31	t	–	–	(2.558)	–	–	–
	碳化硅砖 SIC85	t	–	–	–	(2.592)	–	–
	铝碳化硅砖	t	–	–	–	–	(2.856)	–
	莫来石砖 H21	t	–	–	–	–	–	(2.859)
	刚玉火泥	kg	1.79	190.000	–	–	–	–
	添加剂	kg	11.65	20.000	20.000	20.000	20.000	20.000
	高强泥浆	kg	1.95	–	200.000	190.000	–	200.000
	铝碳化硅火泥	kg	1.18	–	–	–	190.000	–
	碳化硅砂轮片 KVP300mm×25mm×32mm	个	148.09	–	–	0.012	0.012	–

续削

单位:m³

	定 额 编 号			9-1-76	9-1-77	9-1-78	9-1-79	9-1-80
	项 目			刚玉块	硅线石砖	碳化硅砖	铝碳化硅砖	莫来石砖
材	合金钢切割片(大理石切割片)φ600	片	720.00	–	0.070	0.040	0.060	0.070
	一等板方材 综合	m³	2050.00	–	–	0.030	–	0.012
	冷却液	kg	9.50	–	9.000	–	2.000	10.000
料	水	t	4.00	0.010	0.050	0.040	0.040	0.050
机	灰浆搅拌机 200L	台班	126.18	0.210	0.210	0.210	0.210	0.210
	泥浆泵 φ50mm	台班	199.87	0.270	0.270	0.270	0.270	0.270
	磨砖机 4kW	台班	213.88	–	–	0.120	0.120	–
	金刚石切砖机 5kW	台班	55.32	–	0.430	0.150	0.310	0.460
	离心通风机 335~1300m³/min	台班	96.53	–	0.280	0.120	0.120	0.310
	金刚石磨光机	台班	56.10	1.020	2.040	1.530	1.530	2.040
	电动葫芦(单速)2t	台班	51.76	0.870	0.490	0.490	–	0.490
	真空吸盘	台班	49.00	0.490	–	–	–	–
	真空泵 204m³/h	台班	257.92	0.490	–	–	–	–
械	电动空气压缩机 10m³/min	台班	519.44	0.250	–	–	–	–
	平衡重式叉车 3t	台班	221.23	0.510	0.310	0.320	0.320	0.320
	卷扬机带塔 3~5t(H=40m)	台班	180.83	0.270	0.210	0.230	0.230	0.230

②热风炉

单位:m³

定 额 编 号			9-1-81	9-1-82	9-1-83	9-1-84	9-1-85
项 目			硅藻土	黏土质	高铝质	硅质	硅砖
			隔热砖	隔热耐火砖			
基 价 (元)			**479.28**	**761.91**	**1105.52**	**831.08**	**1103.62**
其中	人 工 费 (元)		261.53	425.40	579.30	649.13	850.73
	材 料 费 (元)		162.04	218.97	417.27	76.07	78.86
	机 械 费 (元)		55.71	117.54	108.95	105.88	174.03
名 称	单位	单价(元)	数		量		
人工 综合工日	工日	75.00	3.487	5.672	7.724	8.655	11.343
材料 硅藻土隔热砖 GG-0.7	t	–	(0.635)	–	–	–	–
黏土质隔热耐火砖 NG-1.3a	t	–	–	(1.236)	–	–	–
高铝质隔热耐火砖 LG-1.0	t	–	–	–	(0.987)	–	–
硅质隔热耐火砖 QG-0.8	t	–	–	–	–	(0.794)	–
硅砖 GZ-93	t	–	–	–	–	–	(1.910)
硅藻土粉 熟料 120 目	kg	0.68	140.000	–	–	–	–
黏土质耐火泥浆 NN-42	kg	1.11	60.000	190.000	–	–	–
高铝质火泥 LF-70 细粒	kg	1.86	–	–	220.000	–	–
硅质火泥 GF-90 不分粒度	kg	0.34	–	–	–	200.000	157.000

续前
单位:m³

定 额 编 号			9-1-81	9-1-82	9-1-83	9-1-84	9-1-85
项 目			硅藻土	黏土质	高铝质	硅质	硅砖
			隔热砖	隔热耐火砖			
材料	碳化硅砂轮片 KVP300mm×25mm×32mm	个	148.09	–	0.005	0.005	0.005	0.090
	碳化硅砂轮片 φ400×25×(3~4)	片	29.56	–	0.240	0.240	0.240	–
	合金钢切割片(大理石切割片)φ600	片	720.00	–	–	–	–	0.007
	金刚石砂轮片 φ600	片	60.00	–	–	–	–	0.004
	一等板方材 综合	m³	2050.00	–	–	–	–	0.003
	黄板纸	m²	1.10	–	–	–	–	0.440
	水	t	4.00	0.060	0.060	0.060	0.060	0.060
机械	灰浆搅拌机 200L	台班	126.18	0.150	0.140	0.150	0.140	0.130
	磨砖机 4kW	台班	213.88	–	0.050	0.050	0.050	0.300
	切砖机 5.5kW	台班	209.48	–	0.120	0.120	0.120	–
	金刚石切砖机 2.2kW	台班	42.90	–	–	–	–	0.080
	金刚石切砖机 5kW	台班	55.32	–	–	–	–	0.040
	离心通风机 335~1300m³/min	台班	96.53	–	0.120	0.120	0.120	0.170
	金刚石磨光机	台班	56.10	–	–	–	–	0.130
	平衡重式叉车 3t	台班	221.23	0.060	0.090	0.070	0.070	0.110
	卷扬机带塔 3~5t(H=40m)	台班	180.83	0.130	0.180	0.150	0.140	0.220

単位:m³

定　额　编　号			9-1-86	9-1-87	9-1-88	9-1-89	9-1-90	9-1-91
项　　　目			黏土质耐火砖		高铝砖		红柱石砖	
			普通泥浆	高强泥浆	普通泥浆	高强泥浆	普通泥浆	高强泥浆
基　　价　（元）			**1011.27**	**1452.33**	**1497.90**	**1663.31**	**1501.69**	**1622.25**
其中	人　工　费（元）		666.90	719.63	879.23	907.05	862.13	860.03
	材　料　费（元）		199.31	632.45	395.44	641.32	406.00	648.90
	机　械　费（元）		145.06	100.25	223.23	114.94	233.56	113.32
名　　称	单位	单价(元)	数			量		
人工 综合工日	工日	75.00	8.892	9.595	11.723	12.094	11.495	11.467
材 黏土质耐火砖 RN-40	t	－	(2.103)	(2.105)	－	－	－	－
料 高铝砖 RL-55	t	－	－	－	(2.467)	(2.405)	－	－
红柱石砖	t	－	－	－	－	－	(2.769)	(2.747)
黏土质耐火泥浆 NN-42	kg	1.11	163.000	－	－	－	－	－
高铝质火泥 LF-70 细粒	kg	1.86	－	－	190.000	－	190.000	－
高强泥浆	kg	1.95	－	200.000	－	200.000	－	200.000
添加剂	kg	11.65	－	20.000	－	20.000	－	20.000

· 54 ·

单位:m³

定 额 编 号			9-1-86	9-1-87	9-1-88	9-1-89	9-1-90	9-1-91
项 目			黏土质耐火砖		高铝砖		红柱石砖	
			普通泥浆	高强泥浆	普通泥浆	高强泥浆	普通泥浆	高强泥浆
材料	碳化硅砂轮片 KVP300mm×25mm×32mm	个	148.09	0.060	–	0.170	0.010	0.180	–
	合金钢切割片(大理石切割片)φ600	片	720.00	0.010	0.010	0.020	0.020	0.030	0.030
	一等板方材 综合	m³	2050.00	0.001	0.001	0.001	0.001	0.002	0.002
	黄板纸	m²	1.10	–	–	0.160	0.170	–	–
	水	t	4.00	0.060	0.050	0.060	0.050	0.060	0.050
机械	灰浆搅拌机 200L	台班	126.18	0.140	0.150	0.140	0.150	0.150	0.150
	磨砖机 4kW	台班	213.88	0.240	–	0.460	0.020	0.490	–
	金刚石切砖机 2.2kW	台班	42.90	0.120	0.120	0.100	0.100	0.120	0.120
	金刚石切砖机 5kW	台班	55.32	–	–	0.020	0.020	–	–
	离心通风机 335～1300m³/min	台班	96.53	0.010	–	0.180	0.020	0.160	–
	金刚石磨光机	台班	56.10	–	–	0.050	0.050	–	–
	平衡重式叉车 3t	台班	221.23	0.120	0.140	0.140	0.140	0.150	0.150
	卷扬机带塔 3～5t(H=40m)	台班	180.83	0.240	0.250	0.280	0.280	0.310	0.310

定　额　编　号			9-1-92	9-1-93	9-1-94	9-1-95	9-1-96	9-1-97
项　　　目			黏土格子砖		高铝	硅线石	莫来石	硅质
			板、浪型	多孔	格子砖(多孔)			
基　　　价　（元）			**189.66**	**219.48**	**234.85**	**248.17**	**266.66**	**245.09**
其中	人　工　费　（元）		150.38	168.90	172.43	182.40	199.50	168.15
	材　料　费　（元）		1.52	12.82	21.87	22.43	22.43	39.18
	机　械　费　（元）		37.76	37.76	40.55	43.34	44.73	37.76
名　　　　　称	单位	单价(元)	数			量		
人工 综合工日	工日	75.00	2.005	2.252	2.299	2.432	2.660	2.242
材料	黏土格子砖	t	–	(1.020)	(1.030)	–	–	–	–
	高铝格子砖	t	–	–	–	(1.030)	–	–	–
	硅线石格子砖	t	–	–	–	–	(1.030)	–	–
	莫来石格子砖	t	–	–	–	–	–	(1.030)	–
	硅质格子砖	t	–	–	–	–	–	–	(1.030)
	合金钢切割片（大理石切割片）ϕ600	片	720.00	0.002	0.002	0.004	0.005	0.005	0.002
	发泡苯乙烯	kg	37.66	–	0.300	0.500	0.500	0.500	1.000
	水	t	4.00	0.020	0.020	0.040	–	–	0.020
机械	金刚石切砖机 2.2kW	台班	42.90	0.020	0.020	0.040	0.060	0.070	0.020
	离心通风机 335～1300m³/min	台班	96.53	0.020	0.020	0.040	0.060	0.070	0.020
	平衡重式叉车 3t	台班	221.23	0.060	0.060	0.060	0.060	0.060	0.060
	卷扬机带塔 3～5t(H=40m)	台班	180.83	0.120	0.120	0.120	0.120	0.120	0.120

（4）管道及除尘器、渣铁沟

单位：m³

定　额　编　号				9-1-98	9-1-99	9-1-100	9-1-101
项　　　目				硅藻土隔热砖	黏土质隔热耐火砖	黏土质耐火砖	
						普通泥浆	高强泥浆
基　　价　（元）				**576.25**	**955.73**	**1213.75**	**1790.81**
其中	人　工　费　（元）			358.50	615.75	878.25	1059.75
	材　料　费　（元）			162.04	218.97	214.64	630.55
	机　械　费　（元）			55.71	121.01	120.86	100.51
名　　　称	单位	单价（元）		数		量	
人工 综合工日	工日	75.00		4.780	8.210	11.710	14.130
材料 硅藻土隔热砖 GG-0.7	t	－		(0.636)	－	－	－
黏土质隔热耐火砖 NG-1.3a	t	－		－	(1.268)	－	－
黏土质耐火砖 RN-40	t	－		－	－	(2.146)	(2.065)
硅藻土粉 熟料 120 目	kg	0.68		140.000	－	－	－
黏土质耐火泥浆 NN-42	kg	1.11		60.000	190.000	186.000	－

续前

定 额 编 号				9-1-98	9-1-99	9-1-100	9-1-101
项 目				硅藻土隔热砖	黏土质隔热耐火砖	黏土质耐火砖	
						普通泥浆	高强泥浆
材料	高强泥浆	kg	1.95	–	–	–	200.000
	添加剂	kg	11.65	–	–	–	20.000
	碳化硅砂轮片 KVP300mm×25mm×32mm	个	148.09	–	0.005	0.005	0.001
	碳化硅砂轮片 φ400×25×(3~4)	片	29.56	–	0.240	–	–
	合金钢切割片(大理石切割片)φ600	片	720.00	–	–	0.010	0.010
	水	t	4.00	0.060	0.060	0.060	0.050
机械	灰浆搅拌机 200L	台班	126.18	0.150	0.150	0.170	0.170
	切砖机 5.5kW	台班	209.48	–	0.120	–	–
	磨砖机 4kW	台班	213.88	–	0.050	0.050	0.010
	金刚石切砖机 2.2kW	台班	42.90	–	–	0.190	0.140
	离心通风机 335~1300m³/min	台班	96.53	–	0.120	0.110	0.010
	平衡重式叉车 3t	台班	221.23	0.060	0.100	0.120	0.120
	卷扬机带塔 3~5t(H=40m)	台班	180.83	0.130	0.180	0.240	0.240

定　额　编　号			9-1-102	9-1-103	9-1-104
项　　　　　目			红柱石砖		渣铁沟黏土砖
			普通泥浆	高强泥浆	普通泥浆
基　　　价　（元）			**1479.40**	**1770.47**	**729.52**
其中	人　工　费　（元）		841.50	861.75	427.50
	材　料　费　（元）		468.24	737.80	210.72
	机　械　费　（元）		169.66	170.92	91.30
名　　　　称	单位	单价(元)	数		量
人工 综合工日	工日	75.00	11.220	11.490	5.700
材料 黏土质耐火砖 RN-40	t	－	－	－	(2.075)
红柱石砖	t	－	(2.780)	(2.767)	－
黏土质耐火泥浆 NN-42	kg	1.11	－	－	183.000
高铝质火泥 LF-70 细粒	kg	1.86	190.000	－	－
高强泥浆	kg	1.95	－	200.000	－
添加剂	kg	11.65	－	20.000	－
碳化硅砂轮片 KVP300mm×25mm×32mm	个	148.09	0.005	0.005	0.001
合金钢切割片（大理石切割片）φ600	片	720.00	0.050	0.050	0.010
一等板方材 综合	m³	2050.00	0.001	0.001	－
冷却液	kg	9.50	7.980	7.980	－
水	t	4.00	0.060	0.050	0.060
机械 灰浆搅拌机 200L	台班	126.18	0.140	0.150	0.150
磨砖机 4kW	台班	213.88	0.050	0.050	0.010
金刚石切砖机 2.2kW	台班	42.90	0.380	0.380	0.120
离心通风机 335~1300m³/min	台班	96.53	0.310	0.310	0.010
平衡重式叉车 3t	台班	221.23	0.160	0.160	0.110
卷扬机带塔 3~5t（H=40m）	台班	180.83	0.330	0.330	0.220

（5）外燃式热风炉

定　额　编　号			9-1-105	9-1-106	9-1-107	9-1-108	9-1-109
项　　　　目			硅藻土隔热砖	黏土质	高铝质	硅质	堇青石砖
				隔热耐火砖			
基　　价　（元）			**479.28**	**801.33**	**1052.96**	**692.10**	**1293.79**
其中	人　工　费　（元）		261.53	468.15	528.00	510.15	1026.00
	材　料　费　（元）		162.04	215.64	417.27	76.07	157.42
	机　械　费　（元）		55.71	117.54	107.69	105.88	110.37
名　　　　称	单位	单价(元)	数			量	
人工	综合工日	工日	75.00	3.487	6.242	7.040	6.802	13.680
材料	硅藻土隔热砖 GG－0.7	t	－	(0.638)	－	－	－	－
	黏土质隔热耐火砖 NG－1.3a	t	－	－	(1.239)	－	－	－
	高铝质隔热耐火砖 LG－1.0	t	－	－	－	(0.977)	－	－
	硅质隔热耐火砖 QG－0.8	t	－	－	－	－	(0.781)	－
	堇青石砖	t	－	－	－	－	－	(2.040)
	硅藻土粉 熟料 120 目	kg	0.68	140.000	－	－	－	－
	黏土质耐火泥浆 NN－42	kg	1.11	60.000	187.000	－	－	－

单位：m³

定　额　编　号			9-1-105	9-1-106	9-1-107	9-1-108	9-1-109
项　　　　目			硅藻土隔热砖	黏土质	高铝质	硅质	堇青石砖
				隔热耐火砖			
材料	高铝质火泥 LF-70 细粒	kg	1.86	-	-	220.000	-	-
	硅质火泥 GF-90 不分粒度	kg	0.34	-	-	-	200.000	-
	堇青质火泥	kg	0.58	-	-	-	-	150.000
	碳化硅砂轮片 KVP300mm×25mm×32mm	个	148.09	-	0.005	0.005	0.005	0.010
	碳化硅砂轮片 φ400×25×(3~4)	片	29.56	-	0.240	0.240	0.240	-
	合金钢切割片(大理石切割片)φ600	片	720.00	-	-	-	-	0.010
	一等板方材 综合	m³	2050.00	-	-	-	-	0.030
	水	t	4.00	0.060	0.060	0.060	0.060	0.060
机械	灰浆搅拌机 200L	台班	126.18	0.150	0.140	0.140	0.140	0.090
	磨砖机 4kW	台班	213.88	-	0.050	0.050	0.050	0.090
	切砖机 5.5kW	台班	209.48	-	0.120	0.120	0.120	-
	金刚石切砖机 2.2kW	台班	42.90	-	-	-	-	0.120
	离心通风机 335~1300m³/min	台班	96.53	-	0.120	0.120	0.120	0.090
	平衡重式叉车 3t	台班	221.23	0.060	0.090	0.070	0.070	0.110
	卷扬机带塔 3~5t(H=40m)	台班	180.83	0.130	0.180	0.150	0.140	0.230

定　额　编　号				9-1-110	9-1-111	9-1-112	9-1-113	9-1-114
项　　目				硅砖	黏土质耐火砖		高铝砖	
					普通泥浆	高强泥浆	普通泥浆	高强泥浆
基　　价　（元）				**980.66**	**1075.04**	**1631.38**	**1469.54**	**1855.69**
其中	人　工　费　（元）			772.35	763.13	889.20	910.58	1039.58
	材　料　费　（元）			68.43	187.65	632.18	396.69	664.77
	机　械　费　（元）			139.88	124.26	110.00	162.27	151.34
名　　称		单位	单价（元）	数			量	
人工	综合工日	工日	75.00	10.298	10.175	11.856	12.141	13.861
材料	硅砖 GZ－93	t	－	(1.896)	－	－	－	－
	黏土质耐火砖 N－2a	t	－	－	(2.096)	(2.094)	－	－
	高铝砖 RL－55	t	－	－	－	－	(2.445)	(2.396)
	硅质火泥 GF－90 不分粒度	kg	0.34	160.000	－	－	－	－
	黏土质耐火泥浆 NN－42	kg	1.11	－	161.000	－	－	－
	高铝质火泥 LF－70 细粒	kg	1.86	－	－	－	190.000	－
	高强泥浆	kg	1.95	－	－	200.000	－	200.000
	添加剂	kg	11.65	－	－	20.000	－	20.000

定　额　编　号			9-1-110	9-1-111	9-1-112	9-1-113	9-1-114
项　　　　目			硅砖	黏土质耐火砖		高铝砖	
				普通泥浆	高强泥浆	普通泥浆	高强泥浆
材料	碳化硅砂轮片 KVP300mm×25mm×32mm	个	148.09	0.040	0.010	0.010	0.020	0.010
	合金钢切割片(大理石切割片) $\phi600$	片	720.00	0.010	0.010	0.010	0.040	0.040
	金刚石砂轮片 $\phi600$	片	60.00	0.001	—	—	0.002	0.002
	一等板方材 综合	m³	2050.00	—	—	—	0.005	0.005
	黄板纸	m²	1.10	0.330	0.020	0.020	—	—
	水	t	4.00	0.120	0.060	0.120	0.290	0.280
机械	灰浆搅拌机 200L	台班	126.18	0.140	0.140	0.150	0.140	0.150
	磨砖机 4kW	台班	213.88	0.150	0.070	0.020	0.100	0.050
	金刚石切砖机 2.2kW	台班	42.90	0.150	0.180	0.180	0.240	0.340
	金刚石切砖机 5kW	台班	55.32	0.010	—	—	0.010	0.010
	离心通风机 335～1300m³/min	台班	96.53	0.140	0.120	0.070	0.300	0.240
	金刚石磨光机	台班	56.10	0.170	0.010	0.010	—	—
	平衡重式叉车 3t	台班	221.23	0.100	0.120	0.120	0.140	0.140
	卷扬机带塔 3～5t($H=40m$)	台班	180.83	0.210	0.250	0.250	0.290	0.290

定　额　编　号				9-1-115	9-1-116	9-1-117	9-1-118	9-1-119
项　　　　　目				黏土	高铝	硅线石	莫来石	硅质
				格子砖（多孔）				
基　　　价　（元）				**219.48**	**235.41**	**245.09**	**266.66**	**248.17**
其中	人　工　费　（元）			168.90	172.43	168.15	199.50	182.40
	材　料　费　（元）			12.82	22.43	39.18	22.43	22.43
	机　械　费　（元）			37.76	40.55	37.76	44.73	43.34
名　　　　　称	单位	单价（元）		数		量		
人工	综合工日	工日	75.00	2.252	2.299	2.242	2.660	2.432
材料	黏土格子砖	t	–	(1.030)	–	–	–	–
	高铝格子砖 H27	t	–	–	(1.030)	–	–	–
	硅质格子砖	t	–	–	–	(1.030)	–	–
	莫来石格子砖	t	–	–	–	–	(1.030)	–
	硅线石格子砖	t	–	–	–	–	–	(1.030)
	合金钢切割片（大理石切割片）φ600	片	720.00	0.002	0.005	0.002	0.005	0.005
	发泡苯乙烯	kg	37.66	0.300	0.500	1.000	0.500	0.500
	水	t	4.00	0.020		0.020		
机械	金刚石切砖机 2.2kW	台班	42.90	0.020	0.040	0.020	0.070	0.060
	离心通风机 335～1300m³/min	台班	96.53	0.020	0.040	0.020	0.070	0.060
	平衡重式叉车 3t	台班	221.23	0.060	0.060	0.060	0.060	0.060
	卷扬机带塔 3～5t(H=40m)	台班	180.83	0.120	0.120	0.120	0.120	0.120

3. 鱼雷型混铁车

单位：m³

定　额　编　号			9-1-120	9-1-121	9-1-122	9-1-123	9-1-124	9-1-125
项　　　　　目			黏土质耐火砖		高铝砖		莫来石砖	铝碳化硅砖
			普通泥浆	高强泥浆	普通泥浆	高强泥浆		
基　　价　（元）			**1514.68**	**2063.68**	**2197.51**	**2597.60**	**3187.79**	**2605.22**
其中	人　工　费　（元）		1014.75	1109.25	1300.50	1425.75	1630.50	1460.25
	材　料　费　（元）		201.68	647.04	457.54	727.10	1036.65	625.59
	机　械　费　（元）		298.25	307.39	439.47	444.75	520.64	519.38
名　　　称	单位	单价（元）	数			量		
人工　综合工日	工日	75.00	13.530	14.790	17.340	19.010	21.740	19.470
材　　　料　　　黏土质耐火砖 N-2a	t	－	(2.147)	(2.147)	－	－	－	－
高铝砖 LZ-65	t	－	－	－	(2.608)	(2.608)	－	－
莫来石砖	t	－	－	－	－	－	(2.881)	－
铝碳化硅砖	t	－	－	－	－	－	－	(2.879)
黏土质耐火泥浆 NN-42	kg	1.11	160.000	－	－	－	－	－
高铝质火泥 LF-70 细粒	kg	1.86	－	－	190.000	－	－	－
铝碳化硅火泥	kg	1.18	－	－	－	－	－	190.000

定 额 编 号			9-1-120	9-1-121	9-1-122	9-1-123	9-1-124	9-1-125
项 目			黏土质耐火砖		高铝砖		莫来石砖	铝碳化硅砖
			普通泥浆	高强泥浆	普通泥浆	高强泥浆		
材料	高强泥浆	kg	1.95	–	200.000	–	200.000	200.000	–
	添加剂	kg	11.65	–	20.000	–	20.000	20.000	–
	碳化硅砂轮片 KVP300mm×25mm×32mm	个	148.09	0.010	0.010	0.120	0.120	0.130	0.130
	合金钢切割片(大理石切割片)φ600	片	720.00	0.030	0.030	0.080	0.080	0.140	0.140
	一等板方材 综合	m³	2050.00	–	–	0.013	0.013	0.018	0.012
	冷却液	kg	9.50	–	–	–	–	27.000	27.000
	水	t	4.00	0.250	0.240	0.530	0.520	0.050	0.060
机械	灰浆搅拌机 200L	台班	126.18	0.140	0.150	0.140	0.150	0.150	0.140
	磨砖机 4kW	台班	213.88	0.070	0.070	0.340	0.340	0.370	0.370
	金刚石切砖机 2.2kW	台班	42.90	0.330	0.330	0.640	0.640	1.040	1.040
	离心通风机 335~1300m³/min	台班	96.53	0.240	0.240	0.620	0.620	1.020	1.020
	轴流风机 7.5kW	台班	42.81	1.740	1.740	1.740	1.740	1.740	1.740
	皮带运输机 10m×0.5m	台班	204.97	0.110	0.120	0.140	0.140	0.150	0.150
	平衡重式叉车 3t	台班	221.23	0.250	0.260	0.300	0.310	0.330	0.330
	卷扬机带塔 3~5t(H=40m)	台班	180.83	0.420	0.440	0.510	0.520	0.560	0.560

4. 炼钢炉系列
（1）转炉

单位：m³

定 额 编 号			9-1-126	9-1-127	9-1-128
项 目			黏土质耐火砖	镁砖	
				湿砌	干砌
基 价 （元）			**977.13**	**1508.68**	**1098.47**
其中	人 工 费 （元）		610.50	750.75	709.50
	材 料 费 （元）		202.20	606.78	195.43
	机 械 费 （元）		164.43	151.15	193.54
名 称	单位	单价（元）	数		量
人工 综合工日	工日	75.00	8.140	10.010	9.460
材料 黏土质耐火砖 N－2a	t	－	(2.107)	－	－
镁砖 MZ－87	t	－	－	(2.738)	(2.765)
黏土质耐火泥浆 NN－42	kg	1.11	160.000	－	－
镁质火泥 MF－82	kg	1.82	－	190.000	75.000
卤水块	kg	4.00	－	56.000	－
碳化硅砂轮片 KVP300mm×25mm×32mm	个	148.09	0.064	0.005	0.009
合金钢切割片（大理石切割片）φ600	片	720.00	0.020	0.050	0.080
水	t	4.00	0.180	0.060	－
机械 灰浆搅拌机 200L	台班	126.18	0.140	0.140	－
磨砖机 4kW	台班	213.88	0.250	0.050	0.090
金刚石切砖机 2.2kW	台班	42.90	0.230	0.170	0.610
离心通风机 335～1300m³/min	台班	96.53	0.200	0.170	0.610
平衡重式叉车 3t	台班	221.23	0.110	0.170	0.150
卷扬机带塔 3～5t（H＝40m）	台班	180.83	0.220	0.340	0.310

单位：m³

定　额　编　号			9-1-129	9-1-130	9-1-131	9-1-132
项　　　　目			焦油白云石砖		镁碳砖	出钢口镁砖
			湿砌	干砌		
基　　价　（元）			**839.50**	**877.01**	**1104.80**	**2855.76**
其中	人　工　费　（元）		506.25	585.75	760.50	2295.75
	材　料　费　（元）		170.50	198.00	196.28	450.34
	机　械　费　（元）		162.75	93.26	148.02	109.67
名　　　　称	单位	单价（元）	数			量
人工 综合工日	工日	75.00	6.750	7.810	10.140	30.610
材料	镁砖 MZ-87	t	–	–	–	–	(2.752)
	焦油白云石砖	t	–	(2.813)	(2.828)	–	–
	镁碳砖 MT-12B	t	–	–	–	(2.731)	–
	镁质火泥 MF-82	kg	1.82	28.000	75.000	75.000	130.000
	卤水块	kg	4.00	17.000	–	–	38.000
	一等板方材 综合	m³	2050.00	–	0.030	0.004	0.030
	碳化硅砂轮片 KVP300mm×25mm×32mm	个	148.09	0.005	–	0.008	–
	合金钢切割片（大理石切割片）φ600	片	720.00	0.070	–	0.070	–
	水	t	4.00	0.100	–	–	0.060
机械	灰浆搅拌机 200L	台班	126.18	0.100	–	–	0.130
	磨砖机 4kW	台班	213.88	0.050	–	0.080	–
	金刚石切砖机 2.2kW	台班	42.90	0.360	–	0.270	–
	离心通风机 335~1300m³/min	台班	96.53	0.360	–	0.270	–
	平衡重式叉车 3t	台班	221.23	0.150	0.160	0.160	0.160
	卷扬机带塔 3~5t（H=40m）	台班	180.83	0.310	0.320	0.320	0.320

（2）真空脱气槽

单位:见表

定　额　编　号			9-1-133	9-1-134	9-1-135	9-1-136	9-1-137	9-1-138
项　　　目			黏土质隔热耐火砖	黏土质耐火砖	高铝砖	镁砖	镁铬砖	贴绝热板 δ=40mm
单　　　位			m³					10m²
基　　价　（元）			**797.43**	**781.50**	**1333.48**	**1496.62**	**1501.28**	**2073.68**
其中	人　工　费　（元）		434.25	485.25	761.25	932.25	932.25	1062.75
	材　料　费　（元）		232.14	185.78	386.35	371.51	372.95	1005.10
	机　械　费　（元）		131.04	110.47	185.88	192.86	196.08	5.83
名　　　称	单位	单价(元)	数			量		
人工 综合工日	工日	75.00	5.790	6.470	10.150	12.430	12.430	14.170
材料 黏土质隔热耐火砖 NG-1.3a	t	－	(1.336)	－	－	－	－	－
黏土质耐火砖 N-2a	t	－	－	(2.221)	－	－	－	－
高铝砖 LZ-65	t	－	－	－	(2.681)	－	－	－
镁砖 MZ-87	t	－	－	－	－	(2.875)	－	－
镁铬砖 MGe-8	t	－	－	－	－	－	(2.875)	－
硅酸钙板	t	－	－	－	－	－	－	(0.092)

定 额 编 号			9-1-133	9-1-134	9-1-135	9-1-136	9-1-137	9-1-138
项 目			黏土质隔热耐火砖	黏土质耐火砖	高铝砖	镁砖	镁铬砖	贴绝热板 $\delta=40mm$
材料	黏土质耐火泥浆 NN-42	kg	1.11	200.000	160.000	–	–	–	–
	高铝质火泥 LF-70 细粒	kg	1.86	–	–	190.000	–	–	–
	镁质火泥 MF-82	kg	1.82	–	–	–	190.000	190.000	–
	环氧黏结剂	kg	43.70	–	–	–	–	–	23.000
	碳化硅砂轮片 KVP300mm×25mm×32mm	个	148.09	0.005	0.005	0.075	0.065	0.065	–
	碳化硅砂轮片 ϕ400×25×(3~4)	片	29.56	0.310	–	–	–	–	–
	合金钢切割片(大理石切割片)ϕ600	片	720.00	–	0.010	0.030	0.022	0.024	–
	水	t	4.00	0.060	0.060	0.060	0.060	0.060	–
机械	灰浆搅拌机 200L	台班	126.18	0.150	0.150	0.150	0.150	0.150	–
	磨砖机 4kW	台班	213.88	0.050	0.050	0.210	0.200	0.200	–
	切砖机 5.5kW	台班	209.48	0.160	–	–	–	–	–
	金刚石切砖机 2.2kW	台班	42.90	–	0.120	0.290	0.230	0.260	–
	离心通风机 335~1300m³/min	台班	96.53	0.160	0.120	0.290	0.230	0.250	–
	平衡重式叉车 3t	台班	221.23	0.090	0.110	0.140	0.170	0.170	0.010
	卷扬机带塔 3~5t($H=40m$)	台班	180.83	0.180	0.220	0.280	0.340	0.340	0.020

（3）钢水包（罐）

定 额 编 号			9-1-139	9-1-140	9-1-141	9-1-142	9-1-143	9-1-144
项 目			包底				包壁	
			永久层		工作层		永久层	
			黏土质耐火砖	高铝砖	蜡石砖	高铝砖	黏土质耐火砖	高铝砖
基 价 （元）			**753.39**	**1059.85**	**786.26**	**1124.35**	**768.78**	**1214.20**
其中	人 工 费 （元）		402.00	422.25	438.75	486.75	417.00	576.00
	材 料 费 （元）		194.58	401.90	87.94	401.90	194.97	402.50
	机 械 费 （元）		156.81	235.70	259.57	235.70	156.81	235.70
名 称	单位	单价（元）	数			量		
人工 综合工日	工日	75.00	5.360	5.630	5.850	6.490	5.560	7.680
材 黏土质耐火砖 GN-42	t	-	(2.231)	-	-	-	(2.286)	-
高铝砖 GL-55	t	-	-	(2.567)	-	(2.584)	-	(2.611)
蜡石砖	t	-	-	-	(2.166)	-	-	-
料 黏土质耐火泥浆 NN-42	kg	1.11	160.000	-	-	-	160.000	-

定　额　编　号			9-1-139	9-1-140	9-1-141	9-1-142	9-1-143	9-1-144
项　　　　　目			包底				包壁	
			永久层		工作层		永久层	
			黏土质耐火砖	高铝砖	蜡石砖	高铝砖	黏土质耐火砖	高铝砖
材料	高铝质火泥 LF－70 细粒	kg	1.86	–	190.000	–	190.000	–	190.000
	硅质火泥 GF－90 不分粒度	kg	0.34	–	–	157.000	–	–	–
	黄板纸	m²	1.10	0.060	0.410	0.290	0.410	0.410	0.410
	碳化硅砂轮片 KVP300mm×25mm×32mm	个	148.09	0.064	0.177	0.181	0.177	0.064	0.181
	合金钢切割片(大理石切割片)φ600	片	720.00	0.010	0.030	0.010	0.030	0.010	0.030
	水	t	4.00	0.060	0.060	0.060	0.060	0.060	0.060
机械	灰浆搅拌机 200L	台班	126.18	0.140	0.140	0.140	0.140	0.140	0.140
	磨砖机 4kW	台班	213.88	0.250	0.510	0.640	0.510	0.250	0.510
	金刚石切砖机 2.2kW	台班	42.90	0.120	0.120	0.120	0.120	0.120	0.120
	离心通风机 335~1300m³/min	台班	96.53	0.170	0.230	0.310	0.230	0.170	0.230
	平衡重式叉车 3t	台班	221.23	0.110	0.140	0.120	0.140	0.110	0.140
	卷扬机带塔 3~5t(H=40m)	台班	180.83	0.220	0.280	0.240	0.280	0.220	0.280

定 额 编 号			9-1-145	9-1-146	9-1-147
项 目			包壁高铝砖	包底	包壁
			工作层	耐火浇注料	
基 价 (元)			**1301.49**	**1072.95**	**1574.89**
其中	人 工 费 (元)		663.75	847.50	1150.50
	材 料 费 (元)		402.04	89.75	259.64
	机 械 费 (元)		235.70	135.70	164.75
名 称	单位	单价(元)	数		量
人工 综合工日	工日	75.00	8.850	11.300	15.340
材料 高铝砖 GL-55	t	–	(2.652)	–	–
高铝质浇注料	m³	–	–	(1.060)	(1.060)
高铝质火泥 LF-70 细粒	kg	1.86	190.000	–	–
一等板方材 综合	m³	2050.00	–	0.043	0.124
铁钉	kg	4.86	–	0.330	1.120
碳化硅砂轮片 KVP300mm×25mm×32mm	个	148.09	0.181	–	–
合金钢切割片(大理石切割片)φ600	片	720.00	0.030	–	–
水	t	4.00	0.060	–	–
机械 灰浆搅拌机 200L	台班	126.18	0.140	–	–
磨砖机 4kW	台班	213.88	0.510	–	–
金刚石切砖机 2.2kW	台班	42.90	0.120	–	–
离心通风机 335~1300m³/min	台班	96.53	0.230	–	–
涡浆式混凝土搅拌机 350L	台班	240.95	–	0.160	0.270
混凝土振捣器 插入式	台班	12.14	–	0.320	0.530
平衡重式叉车 3t	台班	221.23	0.140	0.160	0.160
卷扬机带塔 3~5t(H=40m)	台班	180.83	0.280	0.320	0.320

(4)铁水包(罐)

定 额 编 号			9-1-148	9-1-149	9-1-150	9-1-151	9-1-152
项 目			包底		包壁		
			永久层	工作层	永久层	工作层	
			黏土质耐火砖	蜡石砖	黏土质耐火砖	黏土质耐火砖	蜡石砖
基 价 (元)			**712.89**	**771.93**	**807.78**	**831.03**	**838.68**
其中	人 工 费 (元)		361.50	412.50	456.00	479.25	479.25
	材 料 费 (元)		194.58	95.14	194.97	194.97	95.14
	机 械 费 (元)		156.81	264.29	156.81	156.81	264.29
名 称	单位	单价(元)	数			量	
人工	综合工日	工日	75.00	4.820	5.500	6.080	6.390	6.390
材料	黏土质耐火砖 GN－42	t	－	(2.182)	－	(2.299)	(2.299)	－
	蜡石砖	t	－	－	(2.103)	－	－	(2.153)
	黏土质耐火泥浆 NN－42	kg	1.11	160.000	－	160.000	160.000	－
	硅质火泥 GF－90 不分粒度	kg	0.34	－	157.000	－	－	157.000
	黄板纸	m²	1.10	0.060	0.290	0.410	0.410	0.290
	碳化硅砂轮片 KVP300mm×25mm×32mm	个	148.09	0.064	0.181	0.064	0.064	0.181
	合金钢切割片(大理石切割片)φ600	片	720.00	0.010	0.020	0.010	0.010	0.020
	水	t	4.00	0.060	0.060	0.060	0.060	0.060
机械	灰浆搅拌机 200L	台班	126.18	0.140	0.140	0.140	0.140	0.140
	磨砖机 4kW	台班	213.88	0.250	0.640	0.250	0.250	0.640
	金刚石切砖机 2.2kW	台班	42.90	0.120	0.230	0.120	0.120	0.230
	离心通风机 335～1300m³/min	台班	96.53	0.170	0.310	0.170	0.170	0.310
	平衡重式叉车 3t	台班	221.23	0.110	0.120	0.110	0.110	0.120
	卷扬机带塔 3～5t(H=40m)	台班	180.83	0.220	0.240	0.220	0.220	0.240

定　额　编　号			9-1-153	9-1-154
项　　　　　目			耐火浇注料	
			包底	包壁
基　　　价　（元）			**1072.95**	**1574.89**
其 中	人　工　费　（元）		847.50	1150.50
	材　料　费　（元）		89.75	259.64
	机　械　费　（元）		135.70	164.75
名　　　　称		单位	单价(元)	数　　　　量	
人工	综合工日	工日	75.00	11.300	15.340
材 料	高铝质浇注料	m³	－	(1.060)	(1.060)
	一等板方材 综合	m³	2050.00	0.043	0.124
	铁钉	kg	4.86	0.330	1.120
机 械	涡浆式混凝土搅拌机 350L	台班	240.95	0.160	0.270
	混凝土振捣器 插入式	台班	12.14	0.320	0.530
	平衡重式叉车 3t	台班	221.23	0.160	0.160
	卷扬机带塔 3~5t($H=40m$)	台班	180.83	0.320	0.320

5. 电炉

单位:m³

定　　额　　编　　号				9-1-155	9-1-156	9-1-157
项　　　　　　目				黏土质隔热耐火砖	黏土质耐火砖	高铝砖
基　　　价　（元）				**754.09**	**971.47**	**1839.15**
其中	人　　工　　费　（元）			432.75	645.75	1193.25
	材　　料　　费　（元）			219.95	194.95	413.39
	机　　械　　费　（元）			101.39	130.77	232.51
名　　　　称		单位	单价（元）	数		量
人工	综合工日	工日	75.00	5.770	8.610	15.910
材料	黏土质隔热耐火砖 NG－1.3a	t	－	(1.252)	－	－
	黏土质耐火砖 N－2a	t	－	－	(2.125)	－
	高铝砖 DL－80 ．	t	－	－	－	(2.826)
	黏土质耐火泥浆 NN－42	kg	1.11	190.000	160.000	－
	高铝质火泥 LF－70 细粒	kg	1.86	--	－	190.000
	卤水块	kg	4.00	0.240	0.240	－
	黄板纸	m²	1.10	0.010	0.060	0.820

定 额 编 号			9-1-155	9-1-156	9-1-157
项 目			黏土质隔热耐火砖	黏土质耐火砖	高铝砖
材料	碳化硅砂轮片 KVP300mm×25mm×32mm	个	148.09	0.005	0.060	0.210
	碳化硅砂轮片 φ400×25×(3~4)	片	29.56	0.240	–	–
	合金钢切割片(大理石切割片)φ600	片	720.00	–	0.010	0.030
	一等板方材 综合	m³	2050.00	–	–	0.003
	水	t	4.00	0.060	0.060	0.060
机械	灰浆搅拌机 200L	台班	126.18	0.140	0.140	0.140
	磨砖机 4kW	台班	213.88	0.050	0.250	0.550
	切砖机 5.5kW	台班	209.48	0.120	–	–
	金刚石切砖机 2.2kW	台班	42.90	–	0.120	0.120
	离心通风机 335~1300m³/min	台班	96.53	0.120	0.100	0.220
	金刚石磨光机	台班	56.10	–	–	0.120
	皮带运输机 10m×0.5m	台班	204.97	0.080	0.100	0.140
	平衡重式叉车 3t	台班	221.23	0.090	0.110	0.160

定　额　编　号			9-1-158	9-1-159	9-1-160	9-1-161
项　　　目			镁砖		镁碳砖	
			湿砌	干砌	湿砌	干砌
基　　价　（元）			**1908.88**	**1261.73**	**2019.50**	**1628.60**
其中	人　工　费　（元）		944.25	768.00	1113.00	988.50
	材　料　费　（元）		658.23	261.50	498.68	249.94
	机　械　费　（元）		306.40	232.23	407.82	390.16
名　　　称	单位	单价(元)	数		量	
人工 综合工日	工日	75.00	12.590	10.240	14.840	13.180
材料	镁砖 MZ-87	t	–	(2.775)	(2.848)	–	–
	镁碳砖 MT-12B	t	–	–	–	(2.837)	(2.842)
	镁质火泥 MF-82	kg	1.82	190.000	75.000	150.000	75.000
	卤水块	kg	4.00	56.000	–	28.000	–
	黄板纸	m²	1.10	0.200	–	–	–
	碳化硅砂轮片 KVP300mm×25mm×32mm	个	148.09	0.175	0.425	0.321	0.321
	碳化硅砂轮片 φ400×25×(3~4)	片	29.56	2.030	2.030	2.160	2.160
	一等板方材 综合	m³	2050.00	0.001	0.001	0.001	0.001
	水	t	4.00	0.060	–	0.060	–
机械	灰浆搅拌机 200L	台班	126.18	0.140	–	0.140	–
	磨砖机 4kW	台班	213.88	0.490	0.530	0.870	0.870
	切砖机 5.5kW	台班	209.48	0.420	0.120	0.440	0.440
	离心通风机 335~1300m³/min	台班	96.53	0.330	0.330	0.430	0.430
	皮带运输机 10m×0.5m	台班	204.97	0.140	0.140	0.160	0.160
	平衡重式叉车 3t	台班	221.23	0.160	0.150	0.170	0.170

6 步进式加热炉

单位：m³

定 额 编 号			9-1-162	9-1-163	9-1-164	9-1-165	9-1-166	9-1-167
项 目			红砖	硅藻土	黏土质	高铝质	黏土质	
				隔热砖	隔热耐火砖		耐火砖	吊挂砖
基 价 （元）			**868.72**	**542.85**	**714.34**	**917.75**	**969.79**	**1152.09**
其中	人 工 费 （元）		366.75	317.25	350.25	386.25	636.75	933.00
	材 料 费 （元）		391.47	162.63	221.04	415.41	194.29	39.92
	机 械 费 （元）		110.50	62.97	143.05	116.09	138.75	179.17
名 称	单位	单价（元）	数		量			
人工 综合工日	工日	75.00	4.890	4.230	4.670	5.150	8.490	12.440
材料 红砖 100 号	块	–	(555.000)	–	–	–	–	–
硅藻土隔热砖 GG-0.7	t	–	–	(0.676)	–	–	–	–
黏土质隔热耐火砖 NG-1.3a	t	–	–	–	(1.282)	–	–	–
高铝质隔热耐火砖 LG-1.0	t	–	–	–	–	(0.967)	–	–
黏土质耐火砖 N-2a	t	–	–	–	–	–	(2.121)	(2.298)
普通硅酸盐水泥 42.5	kg	0.36	158.000	–	–	–	–	–
黏土质耐火泥浆 NN-42	kg	1.11	294.000	60.000	190.000	–	159.000	16.000

续前

定 额 编 号			9-1-162	9-1-163	9-1-164	9-1-165	9-1-166	9-1-167
项 目			红砖	硅藻土	黏土质	高铝质	黏土质	
				隔热砖	隔热耐火砖		耐火砖	吊挂砖
材料	高铝质火泥 LF-70 细粒	kg	1.86	–	–	–	219.000	–	–
	硅藻土粉 熟料 120 目	kg	0.68	–	140.000	–	–	–	–
	碳化硅砂轮片 KVP300mm×25mm×32mm	个	148.09	–	–	0.005	0.005	0.017	0.101
	碳化硅砂轮片 φ400×25×(3~4)	片	29.56	0.260	0.020	0.310	0.240	–	–
	合金钢切割片（大理石切割片）φ600	片	720.00	–	–	–	–	0.020	0.010
	水	t	4.00	0.140	0.060	0.060	0.060	0.220	–
机械	灰浆搅拌机 200L	台班	126.18	0.150	0.150	0.140	0.150	0.140	–
	磨砖机 4kW	台班	213.88	–	–	0.050	0.050	0.090	0.340
	切砖机 5.5kW	台班	209.48	0.130	0.030	0.210	0.120	–	–
	金刚石切砖机 2.2kW	台班	42.90	–	–	–	–	0.260	0.120
	离心通风机 335~1300m³/min	台班	96.53	0.040	0.010	0.150	0.120	0.200	0.310
	皮带运输机 10m×0.5m	台班	204.97	0.090	0.050	0.080	0.070	0.100	0.100
	平衡重式叉车 3t	台班	221.23	0.190	0.120	0.180	0.160	0.230	0.230

单位:m³

定 额 编 号			9-1-168	9-1-169	9-1-170	9-1-171	9-1-172
项 目			高铝砖	高铝吊挂砖	半硅砖	镁铬砖	莫来石砖
基 价 (元)			**1509.21**	**1635.53**	**1196.17**	**1744.19**	**2157.53**
其中	人 工 费 (元)		825.75	1341.75	846.00	807.75	990.75
	材 料 费 (元)		426.34	87.88	213.45	651.37	832.12
	机 械 费 (元)		257.12	205.90	136.72	285.07	334.66
名 称	单位	单价(元)	数		量		
人工 综合工日	工日	75.00	11.010	17.890	11.280	10.770	13.210
材料 高铝砖 LZ-65	t	–	(2.591)	(2.821)	–	–	–
半硅砖	t	–	–	–	(2.004)	–	–
镁铬砖 MGe-8	t	–	–	–	–	(2.790)	–
莫来石砖 H21	t	–	–	–	–	–	(2.850)
高铝质火泥 LF-70 细粒	kg	1.86	190.000	26.000	–	–	190.000
黏土质耐火泥浆 NN-42	kg	1.11	–	–	182.000	–	–
镁质火泥 MF-82	kg	1.82	–	–	–	190.000	–
卤水块	kg	4.00	–	–	–	56.000	–
碳化硅砂轮片 KVP300mm×25mm×32mm	个	148.09	0.082	0.121	0.024	0.063	0.064
合金钢切割片(大理石切割片)φ600	片	720.00	0.080	0.030	0.010	0.100	0.150
冷却液	kg	9.50	–	–	–	–	38.000
水	t	4.00	0.800	–	0.170	0.060	0.060
机械 灰浆搅拌机 200L	台班	126.18	0.150	–	0.140	0.150	0.150
磨砖机 4kW	台班	213.88	0.140	0.380	0.110	0.200	0.200
金刚石切砖机 2.2kW	台班	42.90	0.870	0.120	0.200	0.930	1.350
离心通风机 335~1300m³/min	台班	96.53	0.830	0.320	0.140	0.960	1.310
皮带运输机 10m×0.5m	台班	204.97	0.130	0.130	0.110	0.130	0.130
平衡重式叉车 3t	台班	221.23	0.290	0.280	0.230	0.290	0.280

定　额　编　号			9-1-173	9-1-174	9-1-175	9-1-176	9-1-177	9-1-178
项　　　　目			高铝锚固砖		耐火浇注料		隔热耐火浇注料	耐火可塑料
			炉顶	炉墙	炉体	步进梁		
基　　价　（元）			**1808.66**	**1699.16**	**1779.94**	**2074.75**	**1371.91**	**3125.64**
其中	人　工　费　（元）		1474.50	1365.00	1221.75	1730.25	939.00	1986.00
	材　料　费　（元）		136.17	136.17	366.09	0.88	302.39	478.98
	机　械　费　（元）		197.99	197.99	192.10	343.62	130.52	660.66
名　　　称	单位	单价(元)	数				量	
人工 综合工日	工日	75.00	19.660	18.200	16.290	23.070	12.520	26.480
材料 高铝砖 LZ-65	t	-	(2.623)	(2.623)	-	-	-	-
角钢综合	kg	4.00	26.740	26.740	-	-	-	-
碳化硅砂轮片 KVP300mm×25mm×32mm	个	148.09	0.100	0.100	-	-	-	-
合金钢切割片（大理石切割片）φ600	片	720.00	0.020	0.020	-	-	-	-
耐火浇注料	m³	-	-	-	(1.060)	(1.060)	-	-
隔热耐火浇注料	m³	-	-	-	-	-	(1.060)	-
耐火可塑料	m³	-	-	-	-	-	-	(1.120)
一等板方材 综合	m³	2050.00	-	-	0.175	-	0.144	0.105
料 铁钉	kg	4.86	-	-	1.330	-	1.150	0.800

单位:m³

	定 额 编 号			9-1-173	9-1-174	9-1-175	9-1-176	9-1-177	9-1-178
				高铝锚固砖		耐火浇注料		隔热耐火浇注料	耐火可塑料
	项 目			炉顶	炉墙	炉体	步进梁		
材料	塑料平板 PVC	m²	11.79	–	–	–	–	–	0.730
	塑料浪板 PVC	m²	24.78	–	–	–	–	–	0.810
	高压风管 φ13	m	38.40						6.020
	水	t	4.00	–	–	0.220	0.220	0.400	–
机械	离心通风机 335～1300m³/min	台班	96.53	0.011	0.011				
	电动空气压缩机 10m³/min	台班	519.44	–	–	–	–	–	0.820
	磨砖机 4kW	台班	213.88	0.011	0.011				
	金刚石磨光机	台班	56.10	0.022	0.022				
	平衡重式叉车 3t	台班	221.23	0.155	0.155	0.320	0.320	0.160	0.320
	直流电焊机(综合)	台班	57.00	1.772	1.772				
	卷扬机带塔 3～5t(H＝40m)	台班	180.83	0.321	0.321				
	混凝土振捣器 插入式	台班	12.14	–	–	0.640	1.850	0.550	–
	涡浆式混凝土搅拌机 350L	台班	240.95	–	–	0.320	0.920	0.280	–
	木工圆锯机 φ500mm	台班	27.63			0.280		0.240	0.200
	风动凿岩机 手持式	台班	158.18						0.820
	皮带运输机 10m×0.5m	台班	204.97			0.140	0.140	0.070	0.140

7. 连续式加热炉

单位:m³

定 额 编 号				9-1-179	9-1-180	9-1-181	9-1-182
项 目				红砖	硅藻土	黏土质	高铝质
					隔热砖	隔热耐火砖	
基 价 (元)				**416.02**	**444.29**	**663.27**	**993.33**
其中	人 工 费 (元)			306.00	219.75	325.50	450.75
	材 料 费 (元)			38.95	170.64	218.97	418.46
	机 械 费 (元)			71.07	53.90	118.80	124.12
名 称		单位	单价(元)	数		量	
人工	综合工日	工日	75.00	4.080	2.930	4.340	6.010
材料	红砖 100 号	块	–	(532.000)	–	–	–
	硅藻土隔热砖 GG-0.7	t	–	–	(0.626)	–	–
	黏土质隔热耐火砖 NG-1.3a	t	–	–	–	(1.242)	–
	高铝质隔热耐火砖 LG-1.0	t	–	–	–	–	(0.977)
	水泥砂浆 M5	m³	137.68	0.280	–	–	–
	硅藻土粉 熟料 120 目	kg	0.68	–	120.000	–	–

定 额 编 号			9-1-179	9-1-180	9-1-181	9-1-182
项 目			红砖	硅藻土	黏土质	高铝质
				隔热砖	隔热耐火砖	
材料	黏土质耐火泥浆 NN－42	kg	1.11	－	80.000	190.000	－
	高铝质火泥 LF－70 细粒	kg	1.86	－	－	－	220.000
	碳化硅砂轮片 KVP300mm×25mm×32mm	个	148.09	－	－	0.005	0.005
	碳化硅砂轮片 φ400×25×(3~4)	片	29.56	－	－	0.240	0.280
	水	t	4.00	0.100	0.060	0.060	0.060
机械	灰浆搅拌机 200L	台班	126.18	0.150	0.150	0.150	0.140
	筛砂机	台班	37.08	0.100	－	－	－
	磨砖机 4kW	台班	213.88	－	－	0.050	0.050
	切砖机 5.5kW	台班	209.48	－	－	0.120	0.170
	离心通风机 335~1300m³/min	台班	96.53	－	－	0.120	0.140
	平衡重式叉车 3t	台班	221.23	0.080	0.060	0.090	0.080
	卷扬机带塔 3~5t(H=40m)	台班	180.83	0.170	0.120	0.180	0.160

定 额 编 号				9-1-183	9-1-184	9-1-185
项 目				黏土质耐火砖	镁砖	高铝砖
基 价 （元）				**914.46**	**1364.61**	**1248.65**
其中	人 工 费 （元）			560.25	638.25	761.25
	材 料 费 （元）			204.65	577.87	375.98
	机 械 费 （元）			149.56	148.49	111.42
名 称		单位	单价（元）	数		量
人工	综合工日	工日	75.00	7.470	8.510	10.150
材料	黏土质耐火砖 N-2a	t	–	(2.116)	–	–
	镁砖 MZ-87	t	–	–	(2.723)	–
	高铝砖 LZ-65	t	–	–	–	(2.579)
	黏土质耐火泥浆 NN-42	kg	1.11	165.000	–	–
	镁质火泥 MF-82	kg	1.82	–	190.000	–
	高铝质火泥 LF-70 细粒	kg	1.86	–	–	190.000
	卤水块	kg	4.00	–	56.000	–
	碳化硅砂轮片 KVP300mm×25mm×32mm	个	148.09	0.042	0.005	0.005
	碳化硅砂轮片 φ400×25×(3~4)	片	29.56	–	0.240	–
	合金钢切割片（大理石切割片）φ600	片	720.00	0.020	–	0.030
	水	t	4.00	0.220	0.060	0.060
机械	灰浆搅拌机 200L	台班	126.18	0.140	0.140	0.140
	磨砖机 4kW	台班	213.88	0.160	0.050	0.060
	切砖机 5.5kW	台班	209.48	–	0.120	–
	金刚石切砖机 2.2kW	台班	42.90	0.290	–	0.120
	离心通风机 335~1300m³/min	台班	96.53	0.200	0.120	–
	平衡重式叉车 3t	台班	221.23	0.110	0.140	0.130
	卷扬机带塔 3~5t(H=40m)	台班	180.83	0.230	0.290	0.260

8. 立式退火炉

定　额　编　号			9-1-186	9-1-187	9-1-188	9-1-189	9-1-190
项　　　目			漂珠高强隔热耐火砖	耐火锚固砖	耐火浇注料	隔热浇注料	耐酸浇注料
基　　价　（元）			**967.33**	**1981.27**	**2209.06**	**1698.01**	**2945.51**
其中	人　工　费　（元）		408.53	1775.25	1588.28	1220.70	2168.25
	材　料　费　（元）		419.79	–	403.73	331.81	521.45
	机　械　费　（元）		139.01	206.02	217.05	145.50	255.81
名　　　　称	单位	单价（元）	数		量		
人工　综合工日	工日	75.00	5.447	23.670	21.177	16.276	28.910
材料　硅藻土隔热砖 GG-0.7	t	–	(0.652)	–	–	–	–
高铝砖 LZ-65	t	–	–	(2.623)	–	–	–
耐火浇注料	m³	–	–	–	(1.060)	–	–
隔热耐火浇注料	m³	–	–	–	–	(1.060)	–
耐酸浇注料	m³	–	–	–	–	–	(1.060)
高铝质火泥 LF-70 细粒	kg	1.86	220.000	–	–	–	–
一等板方材　综合	m³	2050.00	–	–	0.193	0.158	0.250
料　铁钉	kg	4.86	–	–	1.463	1.265	1.660

续前

定 额 编 号			9-1-186	9-1-187	9-1-188	9-1-189	9-1-190
项 目			漂珠高强隔热耐火砖	耐火锚固砖	耐火浇注料	隔热浇注料	耐酸浇注料
材料	碳化硅砂轮片 KVP300mm×25mm×32mm	个	148.09	0.010	–	–	–	–
	碳化硅砂轮片 ϕ400×25×(3~4)	片	29.56	0.308	–	–	–	–
	水	t	4.00	–	–	0.242	0.440	0.220
机械	灰浆搅拌机 200L	台班	126.18	0.154	–	–	–	–
	混凝土振捣器 插入式	台班	12.14	–	–	0.704	0.610	1.280
	涡浆式混凝土搅拌机 350L	台班	240.95	–	–	0.352	0.310	0.640
	木工圆锯机 ϕ500mm	台班	27.63	–	–	0.308	0.260	0.350
	磨砖机 4kW	台班	213.88	0.060	0.010	–	–	–
	切砖机 5.5kW	台班	209.48	0.190	–	–	–	–
	离心通风机 335~1300m³/min	台班	96.53	0.150	0.010	–	–	–
	直流电焊机(综合)	台班	57.00	–	1.770	–	–	–
	平衡重式叉车 3t	台班	221.23	0.090	0.170	0.352	0.180	0.190
	卷扬机带塔 3~5t(H=40m)	台班	180.83	0.180	0.350	–	–	0.190
	皮带运输机 10m×0.5m	台班	204.97	–	–	0.182	0.080	–
	金刚石磨光机	台班	56.10	–	0.020	–	–	–

9 环形加热炉

单位·m³

定 额 编 号			9-1-191	9-1-192	9-1-193	9-1-194
项　　目			硅藻土	黏土质	漂珠高强	高铝质
			隔热砖	隔热耐火砖		
基　　价　（元）			**480.13**	**717.57**	**935.85**	**975.27**
其中	人　工　费　（元）		248.25	385.50	390.00	417.00
	材　料　费　（元）		179.24	214.53	419.05	419.64
	机　械　费　（元）		52.64	117.54	126.80	138.63
名　　称	单位	单价(元)	数		量	
人工 综合工日	工日	75.00	3.310	5.140	5.200	5.560
材料 硅藻土隔热砖 GG-0.7	t	–	(0.650)	–	–	–
黏土质隔热耐火砖 NG-1.3a	t	–	–	(1.260)	–	–
漂珠高强隔热耐火砖 PG-9	t	–	–	–	(0.886)	–
高铝质隔热耐火砖 LG-1.0	t	–	–	–	–	(0.981)
硅藻土粉 熟料 120 目	kg	0.68	100.000	–	–	–
黏土质耐火泥浆 NN-42	kg	1.11	100.000	186.000	–	–
高铝质火泥 LF-70 细粒	kg	1.86	–	–	220.000	220.000
碳化硅砂轮片 KVP300mm×25mm×32mm	个	148.09	–	0.005	0.005	0.005
碳化硅砂轮片 φ400×25×(3~4)	片	29.56	–	0.240	0.300	0.320
水	t	4.00	0.060	0.060	0.060	0.060
机械 灰浆搅拌机 200L	台班	126.18	0.140	0.140	0.150	0.150
磨砖机 4kW	台班	213.88	–	0.050	0.050	0.050
切砖机 5.5kW	台班	209.48	–	0.120	0.200	0.220
离心通风机 335~1300m³/min	台班	96.53	–	0.120	0.150	0.150
平衡重式叉车 3t	台班	221.23	0.060	0.090	0.070	0.080
卷扬机带塔 3~5t(H=40m)	台班	180.83	0.120	0.180	0.140	0.170

定　额　编　号				9-1-195	9-1-196	9-1-197
项　　　　　目				黏土质耐火砖	高铝质锚固砖	高铝砖
基　　　价　（元）				**935.65**	**2489.93**	**1346.64**
其中	人　工　费　（元）			621.75	1419.00	765.00
	材　料　费　（元）			183.90	648.19	391.53
	机　械　费　（元）			130.00	422.74	190.11
名　　　　称		单位	单价(元)	数		量
人工	综合工日	工日	75.00	8.290	18.920	10.200
材料	黏土质耐火砖 N-2a	t	－	(2.148)	－	－
	高铝砖 LZ-65	t	－	－	(2.623)	(2.608)
	黏土质耐火泥浆 NN-42	kg	1.11	154.000	－	－
	高铝质火泥 LF-70 细粒	kg	1.86	－	－	190.000
	一等板方材 综合	m³	2050.00	－	0.040	－
	镀锌薄钢板	kg	5.10	－	0.030	－
	等边角钢 边宽60mm以下	kg	4.00	－	23.000	－
	槽钢 5~16 号	kg	4.00	－	0.030	－

单位:m³

定 额 编 号				9-1-195	9-1-196	9-1-197
项 目				黏土质耐火砖	高铝质锚固砖	高铝砖
材料	挂钩	kg	5.30	–	87.630	–
	电焊条 结 422 φ2.5	kg	5.04	–	1.880	–
	碳化硅砂轮片 KVP300mm×25mm×32mm	个	148.09	0.037	–	0.110
	合金钢切割片(大理石切割片)φ600	片	720.00	0.010	–	0.030
	黄板纸	m²	1.10	0.040	–	–
	水	t	4.00	0.060	–	0.060
机械	灰浆搅拌机 200L	台班	126.18	0.140	–	0.140
	磨砖机 4kW	台班	213.88	0.160	0.010	0.320
	金刚石切砖机 2.2kW	台班	42.90	0.120	–	0.120
	离心通风机 335~1300m³/min	台班	96.53	0.080	0.010	0.160
	直流弧焊机 20kW	台班	209.44	–	1.600	–
	金刚石磨光机	台班	56.10	0.020	0.020	–
	平衡重式叉车 3t	台班	221.23	0.110	0.140	0.140
	卷扬机带塔 3~5t(H=40m)	台班	180.83	0.220	0.290	0.290

10．罩式热处理炉

单位：m³

定 额 编 号				9-1-198	9-1-199	9-1-200
项 目				硅藻土隔热砖	黏土质隔热耐火砖	黏土质耐火砖
基 价 （元）				**496.75**	**1097.37**	**1856.24**
其中	人 工 费 （元）			274.50	727.50	1558.50
	材 料 费 （元）			162.04	218.97	174.68
	机 械 费 （元）			60.21	150.90	123.06
名 称		单位	单价（元）	数		量
人工	综合工日	工日	75.00	3.660	9.700	20.780
材料	硅藻土隔热砖 GG－0.7	t	－	(0.650)	－	－
	黏土质隔热耐火砖 NG－1.3a	t	－	－	(1.246)	－
	黏土质耐火砖 N－2a	t	－	－	－	(2.152)
	黏土质耐火泥浆 NN－42	kg	1.11	60.000	190.000	150.000
	硅藻土粉 熟料 120 目	kg	0.68	140.000	－	－
	碳化硅砂轮片 KVP300mm×25mm×32mm	个	148.09	－	0.005	0.005
	碳化硅砂轮片 φ400×25×(3～4)	片	29.56	－	0.240	－
	合金钢切割片（大理石切割片）φ600	片	720.00	－	－	0.010
	水	t	4.00	0.060	0.060	0.060
机械	灰浆搅拌机 200L	台班	126.18	0.200	0.230	0.180
	磨砖机 4kW	台班	213.88	－	0.080	0.070
	切砖机 5.5kW	台班	209.48	－	0.190	－
	金刚石切砖机 2.2kW	台班	42.90	－	－	0.160
	离心通风机 335～1300m³/min	台班	96.53	－	0.190	0.070
	平衡重式叉车 3t	台班	221.23	0.060	0.080	0.120
	卷扬机带塔 3～5t（H＝40m）	台班	180.83	0.120	0.160	0.250

11 均热炉

定 额 编 号				9-1-201	9-1-202	9-1-203	9-1-204
项 目				红砖	硅藻土隔热砖	黏土质耐火砖	高铝砖
基 价 （元）				**416.02**	**447.71**	**745.47**	**1051.94**
其 中	人 工 费 （元）			306.00	225.75	438.00	558.75
	材 料 费 （元）			38.95	168.06	205.69	375.98
	机 械 费 （元）			71.07	53.90	101.78	117.21
名 称		单位	单价(元)	数		量	
人工	综合工日	工日	75.00	4.080	3.010	5.840	7.450
材 料	红砖 100 号	块	–	(540.000)	–	–	–
	硅藻土隔热砖 GG-0.7	t	–	–	(0.630)	–	–
	黏土质耐火砖 N-2a	t	–	–	–	(2.082)	–
	高铝砖 LZ-65	t	–	–	–	–	(2.560)
	水泥砂浆 M5	m³	137.68	0.280	–	–	–
	硅藻土粉 熟料 120 目	kg	0.68	–	126.000	–	–

单位：m³

定 额 编 号			9-1-201	9-1-202	9-1-203	9-1-204
项 目			红砖	硅藻土隔热砖	黏土质耐火砖	高铝砖
材料	黏土质耐火泥浆 NN－42	kg	1.11	－	74.000	177.000	－
	高铝质火泥 LF－70 细粒	kg	1.86	－	－	－	190.000
	碳化硅砂轮片 KVP300mm×25mm×32mm	个	148.09			0.012	0.005
	合金钢切割片（大理石切割片）φ600	片	720.00			0.010	0.030
	水	t	4.00	0.100	0.060	0.060	0.060
机械	灰浆搅拌机 200L	台班	126.18	0.150	0.150	0.150	0.140
	磨砖机 4kW	台班	213.88	－	－	0.050	0.060
	金刚石切砖机 2.2kW	台班	42.90	－	－	0.120	0.120
	离心通风机 335～1300m³/min	台班	96.53	－	－	0.030	0.060
	筛砂机	台班	37.08	0.100	－	－	－
	平衡重式叉车 3t	台班	221.23	0.080	0.060	0.110	0.130
	卷扬机带塔 3～5t(H=40m)	台班	180.83	0.170	0.120	0.220	0.260

定　额　编　号				9-1-205	9-1-206	9-1-207
项　　　　目				硅砖	镁砖	换热室砌体
单　　　　位				m³		t
基　　价　（元）				**695.10**	**1364.61**	**800.37**
其中	人　工　费　（元）			492.00	638.25	575.25
	材　料　费　（元）			70.28	577.87	80.30
	机　械　费　（元）			132.82	148.49	144.82
名　　　　称	单位	单价(元)	数		量	
人工	综合工日	工日	75.00	6.560	8.510	7.670
材料	硅砖 GZ-93	t	－	(1.873)	－	－
	镁砖 MZ-87	t	－	－	(2.745)	－
	黏土质耐火砖 N-2a	t	－	－	－	(1.030)
	镁质火泥 MF-82	kg	1.82	－	190.000	－
	卤水块	kg	4.00	－	56.000	－
	硅质火泥 GF-90 不分粒度	kg	0.34	160.000	－	－

续前

定　额　编　号			9-1-205	9-1-206	9-1-207
项　　　　目			硅砖	镁砖	换热室砌体
材料	黏土熟料粉	kg	0.46	–	–	87.000
	铁矾土	kg	0.44	–	–	9.000
	水玻璃	kg	1.10	–	–	15.000
	碳化硅砂轮片 KVP300mm×25mm×32mm	个	148.09	0.057	0.005	0.133
	碳化硅砂轮片 $\phi400×25×(3~4)$	片	29.56		0.240	–
	合金钢切割片(大理石切割片) $\phi600$	片	720.00	0.010	–	–
	水	t	4.00	0.060	0.060	0.030
机械	灰浆搅拌机 200L	台班	126.18	0.140	0.140	0.010
	磨砖机 4kW	台班	213.88	0.220	0.050	0.440
	切砖机 5.5kW	台班	209.48	–	0.120	–
	金刚石切砖机 2.2kW	台班	42.90	0.120	–	–
	离心通风机 335~1300m³/min	台班	96.53	0.090	0.120	0.150
	平衡重式叉车 3t	台班	221.23	0.090	0.140	0.060
	卷扬机带塔 3~5t($H=40$m)	台班	180.83	0.190	0.290	0.120

二、其他炉窑

1. 隧道窑

单位：m³

定 额 编 号			9-1-208	9-1-209	9-1-210	9-1-211	9-1-212	9-1-213
项 目			红砖	黏土质	高铝质	黏土质	高铝砖	硅砖
				隔热耐火砖		耐火砖		
基 价 （元）			**424.34**	**700.86**	**949.01**	**842.53**	**1214.92**	**823.50**
其中	人 工 费 （元）		313.50	375.00	421.50	551.25	680.25	647.25
	材 料 费 （元）		38.95	211.20	417.27	178.68	383.68	62.67
	机 械 费 （元）		71.89	114.66	110.24	112.60	150.99	113.58
名 称	单位	单价（元）	数			量		
人工 综合工日	工日	75.00	4.180	5.000	5.620	7.350	9.070	8.630
材料 红砖 100 号	块	－	(553.000)	－	－	－	－	－
黏土质隔热耐火砖 NG－1.3a	t	－	－	(1.249)	－	－	－	－
高铝质隔热耐火砖 LG－1.0	t	－	－	－	(0.966)	－	－	－
黏土质耐火砖 N－2a	t	－	－	－	－	(2.125)	－	－
高铝砖 LZ－65	t	－	－	－	－	－	(2.578)	－
硅砖 GZ－93	t	－	－	－	－	－	－	(1.878)
黏土质耐火泥浆 NN－42	kg	1.11	－	183.000	－	152.000	－	－

续前

定 额 编 号			9-1-208	9-1-209	9-1-210	9-1-211	9-1-212	9-1-213
项 目			红砖	黏土质	高铝质	黏土质	高铝砖	硅砖
				隔热耐火砖		耐火砖		
材 料	高铝质火泥 LF－70 细粒	kg	1.86	－	－	220.000	－	190.000	－
	硅质火泥 GF－90 不分粒度	kg	0.34	－	－	－	－	－	152.000
	水泥砂浆 M5	m³	137.68	0.280	－	－	－	－	－
	碳化硅砂轮片 KVP300mm×25mm×32mm	个	148.09	－	0.005	0.005	0.017	0.057	0.024
	碳化硅砂轮片 φ400×25×(3~4)	片	29.56	－	0.240	0.240	－	－	－
	合金钢切割片(大理石切割片) φ600	片	720.00	－	－	－	0.010	0.030	0.010
	水	t	4.00	0.100	0.060	0.060	0.060	0.060	0.060
机 械	灰浆搅拌机 200L	台班	126.18	0.150	0.140	0.140	0.140	0.140	0.140
	磨砖机 4kW	台班	213.88	－	0.050	0.050	0.090	0.180	0.110
	切砖机 5.5kW	台班	209.48	－	0.120	0.120	－	－	－
	金刚石切砖机 2.2kW	台班	42.90	－	－	－	0.120	0.120	0.120
	离心通风机 335~1300m³/min	台班	96.53	－	0.120	0.120	0.060	0.080	0.070
	筛砂机	台班	37.08	0.100	－	－	－	－	－
	皮带运输机 10m×0.5m	台班	204.97	0.100	0.080	0.080	0.100	0.130	0.090
	平衡重式叉车 3t	台班	221.23	0.130	0.150	0.130	0.200	0.250	0.190

定 额 编 号			9-1-214	9-1-215	9-1-216	9-1-217	9-1-218
项 目			镁铝砖	镁铬砖	碳化硅砖	电熔刚玉砖	硅线石砖
基 价 （元）			**1367.13**	**1107.75**	**2679.68**	**3317.87**	**1489.10**
其中	人 工 费 （元）		1051.50	701.25	668.25	874.50	944.25
	材 料 费 （元）		52.65	170.25	1890.82	2319.97	418.22
	机 械 费 （元）		262.98	236.25	120.61	123.40	126.63
名 称	单位	单价（元）	数		量		
人工 综合工日	工日	75.00	14.020	9.350	8.910	11.660	12.590
材料 镁铝砖 ML-80	t	－	(3.057)	－	－	－	－
镁铬砖 MGe-8	t	－	－	(2.787)	－	－	－
碳化硅砖	t	－	－	－	(2.486)	－	－
刚玉砖	t	－	－	－	－	(3.000)	－
硅线石砖 H31	t	－	－	－	－	－	(2.550)
镁质火泥 MF-82	kg	1.82	9.000	75.000	－	－	－
碳化硅粉	kg	9.50	－	－	171.000	－	－
高铝生料粉	kg	0.66	－	－	19.000	－	－
卤水块	kg	4.00	－	－	56.000	－	－

单位:m³

定 额 编 号			9-1-214	9-1-215	9-1-216	9-1-217	9-1-218
项 目			镁铝砖	镁铬砖	碳化硅砖	电熔刚玉砖	硅线石砖
材料	刚玉粉 GB 180－80	kg	15.78	－	－	－	69.000	－
	刚玉砂 GB 360－80	kg	8.50	－	－	－	120.000	－
	磷酸 0.85	kg	5.91	－	－	－	20.000	－
	氢氧化铝 0.38	kg	6.97	－	－	－	3.000	－
	高铝质火泥 LF－70 细粒	kg	1.86	－	－	－	－	190.000
	碳化硅砂轮片 KVP300mm×25mm×32mm	个	148.09	0.197	0.180	0.005	－	0.193
	碳化硅砂轮片 φ400×25×(3~4)	片	29.56	0.240	0.240	－	－	－
	合金钢切割片(大理石切割片)φ600	片	720.00	－	－	0.040	0.100	0.050
	水	t	4.00	－	－	0.060	0.010	0.060
机械	灰浆搅拌机 200L	台班	126.18	－	－	0.140	0.150	0.140
	磨砖机 4kW	台班	213.88	0.560	0.520	0.050	－	0.030
	切砖机 5.5kW	台班	209.48	0.120	0.120	－	－	－
	金刚石切砖机 2.2kW	台班	42.90	－	－	0.120	0.120	0.120
	离心通风机 335~1300m³/min	台班	96.53	0.240	0.230	0.050	－	0.070
	皮带运输机 10m×0.5m	台班	204.97	0.150	0.120	0.110	0.150	0.140
	平衡重式叉车 3t	台班	221.23	0.290	0.240	0.270	0.310	0.280

2. 回转窑

单位·m³

定 额 编 号			9-1-219	9-1-220	9-1-221	9-1-222
项 目			窑体			
			耐碱隔热砖	黏土质耐火砖	高铝砖	磷酸盐结合高铝砖
基 价 （元）			**985.86**	**1289.12**	**1549.38**	**1595.39**
其中	人 工 费 （元）		602.25	794.25	870.75	917.25
	材 料 费 （元）		232.30	256.91	447.66	447.17
	机 械 费 （元）		151.31	237.96	230.97	230.97
名 称	单位	单价(元)	数		量	
人工 综合工日	工日	75.00	8.030	10.590	11.610	12.230
材料 耐碱隔热砖	t	－	(1.744)	－	－	－
黏土质耐火砖 N－2a	t	－	－	(2.163)	－	－
高铝砖 LZ－65	t	－	－	－	(2.618)	－
磷酸结合高铝砖 P－75	t	－	－	－	－	(2.669)
黏土质耐火泥浆 NN－42	kg	1.11	170.000	160.000	－	－
高铝质火泥 LF－70 细粒	kg	1.86	－	－	190.000	190.000
垫板(钢板 δ=10)	kg	4.56	7.790	7.790	7.790	7.790
一等板方材 综合	m³	2050.00	－	0.010	0.010	0.010

定　额　编　号			9-1-219	9-1-220	9-1-221	9-1-222
项　　　　目			窑体			
			耐碱隔热砖	黏土质耐火砖	高铝砖	磷酸盐结合高铝砖
材料	碳化硅砂轮片 KVP300mm×25mm×32mm	个	148.09	0.005	0.085	0.100	0.100
	碳化硅砂轮片 φ400×25×(3~4)	片	29.56	0.240	–	–	–
	合金钢切割片(大理石切割片) φ600	片	720.00	–	0.010	0.030	0.030
	黄板纸	m²	1.10	–	0.260	0.080	0.080
	冷轧薄钢板 δ=2~2.5	kg	4.90	–	0.500	0.200	0.100
	水	t	4.00	0.060	0.190	0.190	0.190
机械	灰浆搅拌机 200L	台班	126.18	0.140	0.140	0.140	0.140
	磨砖机 4kW	台班	213.88	0.050	0.340	0.340	0.340
	切砖机 5.5kW	台班	209.48	0.120	–	–	–
	金刚石切砖机 2.2kW	台班	42.90	–	0.120	0.120	0.120
	金刚石磨光机	台班	56.10	–	0.130	0.040	0.040
	离心通风机 335~1300m³/min	台班	96.53	0.120	0.340	0.340	0.340
	皮带运输机 10m×0.5m	台班	204.97	0.100	0.100	0.120	0.120
	平衡重式叉车 3t	台班	221.23	0.150	0.190	0.130	0.130
	卷扬机带塔 3~5t(H=40m)	台班	180.83	0.180	0.220	0.260	0.260

定　额　编　号			9-1-223	9-1-224	9-1-225	9-1-226
项　　　目			窑体			
			莫来石砖		堇青石砖	
			干砌	湿砌	干砌	湿砌
基　　价　（元）			**1643.67**	**1522.55**	**1303.73**	**1055.27**
其中	人　工　费　（元）		853.50	930.75	567.75	684.00
	材　料　费　（元）		660.57	434.85	625.06	234.64
	机　械　费　（元）		129.60	156.95	110.92	136.63
名　　　　　称	单位	单价（元）	数		量	
人工	综合工日	工日	75.00	11.380	12.410	7.570	9.120
材料	莫来石砖 H21	t	－	(2.876)	(2.850)	－	－
	堇青石砖	t	－	－	－	(2.079)	(2.068)
	黏土质耐火泥浆 NN－42	kg	1.11	－	－	－	170.000
	高铝质火泥 LF－70 细粒	kg	1.86	－	190.000	－	－
	垫板（钢板 δ＝10）	kg	4.56	134.790	7.790	134.790	7.790
	碳化硅砂轮片 KVP300mm×25mm×32mm	个	148.09	0.010	0.010	0.010	0.010
	合金钢切割片（大理石切割片）φ600	片	720.00	0.060	0.060	0.010	0.010
	冷轧薄钢板 δ＝2～2.5	kg	4.90	0.100	0.100	0.200	0.200
	水	t	4.00	0.190	0.190	0.190	0.190
机械	灰浆搅拌机 200L	台班	126.18	－	0.140	－	0.140
	磨砖机 4kW	台班	213.88	0.090	0.090	0.050	0.050
	金刚石切砖机 2.2kW	台班	42.90	0.120	0.120	0.120	0.120
	离心通风机 335～1300m³/min	台班	96.53	0.090	0.090	0.050	0.050
	皮带运输机 10m×0.5m	台班	204.97	0.110	0.120	0.100	0.100
	平衡重式叉车 3t	台班	221.23	0.130	0.140	0.160	0.180
	卷扬机带塔 3～5t（H＝40m）	台班	180.83	0.250	0.280	0.190	0.210

单位:m³

定 额 编 号				9-1-227	9-1-228	9-1-229	9-1-230	9-1-231	9-1-232
项 目				窑体					
				抗剥落高铝砖		镁砖		镁铬砖	
				干砌	湿砌	干砌	湿砌	干砌	湿砌
基 价 (元)				**1702.76**	**1663.54**	**1625.93**	**1720.71**	**1709.08**	**1804.60**
其中	人 工 费 (元)			816.00	914.25	828.75	905.25	894.00	971.25
	材 料 费 (元)			681.34	518.32	644.70	635.62	646.08	637.00
	机 械 费 (元)			205.42	230.97	152.48	179.84	169.00	196.35
名 称		单位	单价(元)	数			量		
人工	综合工日	工日	75.00	10.880	12.190	11.050	12.070	11.920	12.950
材料	抗剥落高铝砖	t	—	—	(2.636)	(2.618)	—	—	—	—
	镁砖 MZ-87	t	—	—	—	—	(2.825)	(2.800)	—	—
	镁铬砖 MGe-8	t	—	—	—	—	—	—	(2.825)	(2.800)
	高铝质火泥 LF-70 细粒	kg	1.86	—	190.000	—	—	—	—
	镁质火泥 MF-82	kg	1.82	—	—	—	190.000	—	190.000
	垫板(钢板δ=10)	kg	4.56	134.790	7.790	134.790	7.790	134.790	7.790
	水玻璃	kg	1.10	—	57.000	—	—	—	—
	卤水块	kg	4.00	—	—	—	56.000	—	56.000
	一等板方材 综合	m³	2050.00	0.010	0.010	0.010	0.010	0.010	0.010

·104·

定　额　编　号			9-1-227	9-1-228	9-1-229	9-1-230	9-1-231	9-1-232
项　　　　　　目			窑体					
			抗剥落高铝砖		镁砖		镁铬砖	
			干砌	湿砌	干砌	湿砌	干砌	湿砌
材 料	黄板纸	m²	1.10	0.080	0.080	–	–	0.360	0.360
	碳化硅砂轮片 KVP300mm×25mm×32mm	个	148.09	0.110	0.110	0.010	0.010	0.020	0.020
	碳化硅砂轮片 φ400×25×(3~4)	片	29.56	–	–	0.240	0.240	0.240	0.240
	合金钢切割片(大理石切割片)φ600	片	720.00	0.039	0.039	–	–	–	–
	冷轧薄钢板 δ=2~2.5	kg	4.90	0.200	0.200	0.200	0.200	0.100	0.100
	水	t	4.00	0.190	0.190	–	0.060	–	0.060
机 械	灰浆搅拌机 200L	台班	126.18	–	0.140	–	0.140	–	0.140
	磨砖机 4kW	台班	213.88	0.340	0.340	0.090	0.090	0.120	0.120
	切砖机 5.5kW	台班	209.48	–	–	0.120	0.120	0.120	0.120
	金刚石切砖机 2.2kW	台班	42.90	0.120	0.120	–	–	–	–
	金刚石磨光机	台班	56.10	0.040	0.040	–	–	0.180	0.180
	离心通风机 335~1300m³/min	台班	96.53	0.340	0.340	0.120	0.120	0.120	0.120
	皮带运输机 10m×0.5m	台班	204.97	0.110	0.120	0.110	0.120	0.110	0.120
	平衡重式叉车 3t	台班	221.23	0.120	0.130	0.130	0.140	0.130	0.140
	卷扬机带塔 3~5t(H=40m)	台班	180.83	0.240	0.260	0.250	0.280	0.250	0.280

定 额 编 号			9-1-233	9-1-234	9-1-235	9-1-236	9-1-237	9-1-238
项 目			窑门罩及冷却机					
			耐碱隔热砖	高铝砖	抗剥落高铝砖	碳化硅砖	镁铬砖	锚固砖
基 价 （元）			**1102.10**	**1393.84**	**1463.59**	**3001.09**	**1736.51**	**2144.70**
其中	人 工 费 （元）		666.00	753.00	822.75	941.25	955.50	1421.48
	材 料 费 （元）		284.79	464.88	464.88	1912.58	599.12	522.87
	机 械 费 （元）		151.31	175.96	175.96	147.26	181.89	200.35
名 称	单位	单价(元)	数			量		
人工 综合工日	工日	75.00	8.880	10.040	10.970	12.550	12.740	18.953
材料 耐碱隔热砖	t	—	(1.703)	—	—	—	—	—
高铝砖 LZ-65	t	—	—	(2.571)	—	—	—	(2.623)
抗剥落高铝砖	t	—	—	—	(2.574)	—	—	—
碳化硅砖	t	—	—	—	—	(2.530)	—	—
镁铬砖 MGe-8	t	—	—	—	—	—	(2.724)	—
黏土质耐火泥浆 NN-42	kg	1.11	190.000	—	—	—	—	—
高铝质火泥 LF-70 细粒	kg	1.86	—	190.000	190.000	—	—	—
镁质火泥 MF-82	kg	1.82	—	—	—	—	190.000	—
碳化硅粉	kg	9.50	—	—	—	171.000	—	—
高铝生料粉	kg	0.66	—	—	—	19.000	—	—
水玻璃	kg	1.10	57.000	57.000	57.000	—	—	—
卤水块	kg	4.00	—	—	—	56.000	56.000	—

续前

单位：m³

定 额 编 号			9-1-233	9-1-234	9-1-235	9-1-236	9-1-237	9-1-238
项　　　目			窑门罩及冷却机					
			耐碱隔热砖	高铝砖	抗剥落高铝砖	碳化硅砖	镁铬砖	锚固砖
材	一等板方材 综合	m³	2050.00	–	0.010	0.010	0.010	0.010	–
	碳化硅砂轮片 KVP300mm×25mm×32mm	个	148.09	0.050	0.040	0.040	0.010	0.010	–
	碳化硅砂轮片 φ400×25×(3~4)	片	29.56	0.120	–	–	–	0.240	–
	合金钢切割片(大理石切割片) φ600	片	720.00	–	0.030	0.030	0.040	–	–
	等边角钢 边宽60mm以下	kg	4.00	–	–	–	–	–	25.779
	圆钢 φ5.5~9	kg	4.10	–	–	–	–	–	98.217
料	电焊条 结507 φ3.2	kg	8.10	–	–	–	–	–	2.107
	水	t	4.00	0.060	0.190	0.190	0.190	0.060	–
机	灰浆搅拌机 200L	台班	126.18	0.140	0.140	0.140	0.140	0.140	–
	磨砖机 4kW	台班	213.88	0.050	0.170	0.170	0.090	0.090	0.011
	切砖机 5.5kW	台班	209.48	0.120	–	–	–	0.120	–
	金刚石切砖机 2.2kW	台班	42.90	–	0.120	0.120	0.120	–	–
	离心通风机 335~1300m³/min	台班	96.53	0.120	0.170	0.170	0.090	0.120	0.011
	皮带运输机 10m×0.5m	台班	204.97	0.100	0.120	0.120	0.110	0.130	–
	平衡重式叉车 3t	台班	221.23	0.150	0.130	0.130	0.130	0.140	0.157
	卷扬机带塔 3~5t(H=40m)	台班	180.83	0.180	0.260	0.260	0.250	0.280	0.325
械	直流电焊机(综合)	台班	57.00	–	–	–	–	–	1.793
	金刚石磨光机	台班	56.10	–	–	–	–	–	0.022

単位:m³

定 额 编 号			9-1-239	9-1-240	9-1-241	9-1-242	9-1-243
项 目			预热器及分解炉				
			氧化铝隔热砖	高铝质隔热耐火砖	耐碱黏土砖	抗剥落高铝砖	镁铬砖
基 价 （元）			**1257.83**	**1311.96**	**1334.95**	**1696.45**	**1925.06**
其中	人 工 费 （元）		666.00	741.75	898.50	1044.00	1162.50
	材 料 费 （元）		480.72	438.92	247.16	461.35	578.62
	机 械 费 （元）		111.11	131.29	189.29	191.10	183.94
名 称	单位	单价(元)	数			量	
人工 综合工日	工日	75.00	8.880	9.890	11.980	13.920	15.500
材料 氧化铝隔热砖	t	–	(0.587)	–	–	–	–
高铝质隔热耐火砖 LG－1.0	t	–	–	(0.978)	–	–	–
耐碱黏土砖	t	–	–	–	(2.058)	–	–
抗剥落高铝砖	t	–	–	–	–	(2.551)	–
镁铬砖 MGe－8	t	–	–	–	–	–	(2.719)
高铝质火泥 LF－70 细粒	kg	1.86	220.000	220.000	–	220.000	–
黏土质耐火泥浆 NN－42	kg	1.11	–	–	190.000	–	–
镁质火泥 MF－82	kg	1.82	–	–	–	–	190.000

单位:m³

定 额 编 号			9-1-239	9-1-240	9-1-241	9-1-242	9-1-243
项 目			预热器及分解炉				
			氧化铝隔热砖	高铝质隔热耐火砖	耐碱黏土砖	抗剥落高铝砖	镁铬砖
材 料	水玻璃	kg	1.10	57.000	19.000	19.000	19.000	–
	卤水块	kg	4.00	–	–	–	–	56.000
	碳化硅砂轮片 KVP300mm×25mm×32mm	个	148.09	0.010	0.010	0.050	0.060	0.010
	碳化硅砂轮片 φ400×25×（3~4）	片	29.56	0.240	0.240	–	–	0.240
	合金钢切割片（大理石切割片）φ600	片	720.00	–	–	0.010	0.030	–
	水	t	4.00	0.060	0.060	0.190	0.190	0.060
机 械	灰浆搅拌机 200L	台班	126.18	0.140	0.140	0.140	0.140	0.140
	磨砖机 4kW	台班	213.88	0.050	0.050	0.200	0.200	0.090
	切砖机 5.5kW	台班	209.48	0.120	0.120	–	–	0.120
	金刚石切砖机 2.2kW	台班	42.90	–	–	0.120	0.120	–
	离心通风机 335~1300m³/min	台班	96.53	0.120	0.120	0.200	0.200	0.120
	皮带运输机 10m×0.5m	台班	204.97	0.050	0.070	0.120	0.120	0.140
	平衡重式叉车 3t	台班	221.23	0.080	0.120	0.140	0.140	0.140
	卷扬机带塔 3~5t（H=40m）	台班	180.83	0.100	0.140	0.270	0.280	0.280

定 额 编 号			9-1-244	9-1-245
项 目			风管	
			氧化铝隔热砖	耐碱黏土砖
基 价 (元)			**1232.38**	**1231.37**
其中	人 工 费 (元)		659.25	826.50
	材 料 费 (元)		462.02	253.76
	机 械 费 (元)		111.11	151.11
名 称	单位	单价(元)	数	量
人工 综合工日	工日	75.00	8.790	11.020
材料 氧化铝隔热砖	t	—	(0.588)	—
耐碱黏土砖	t	—	—	(2.075)
高铝质火泥 LF-70 细粒	kg	1.86	220.000	—
黏土质耐火泥浆 NN-42	kg	1.11	—	190.000
水玻璃	kg	1.10	40.000	25.000
碳化硅砂轮片 KVP300mm×25mm×32mm	个	148.09	0.010	0.050
碳化硅砂轮片 φ400×25×(3~4)	片	29.56	0.240	—
合金钢切割片(大理石切割片)φ600	片	720.00	—	0.010
水	t	4.00	0.060	0.190
机械 灰浆搅拌机 200L	台班	126.18	0.140	0.140
磨砖机 4kW	台班	213.88	0.050	0.200
切砖机 5.5kW	台班	209.48	0.120	—
金刚石切砖机 2.2kW	台班	42.90	—	0.120
离心通风机 335~1300m³/min	台班	96.53	0.120	0.200
皮带运输机 10m×0.5m	台班	204.97	0.050	0.070
平衡重式叉车 3t	台班	221.23	0.080	0.120
卷扬机带塔 3~5t(H=40m)	台班	180.83	0.100	0.140

3. 环形套筒竖窑

单位:m³

定 额 编 号			9-1-246	9-1-247	9-1-248	9-1-249	9-1-250
项 目			硅藻土隔热砖	黏土质隔热耐火砖	高铝质隔热耐火砖	黏土质耐火砖	镁铝尖晶石砖
基 价 （元）			**541.75**	**733.77**	**959.64**	**1219.51**	**3747.33**
其中	人 工 费 （元）		324.00	396.00	426.75	864.00	2866.50
	材 料 费 （元）		162.04	218.97	423.94	216.53	652.99
	机 械 费 （元）		55.71	118.80	108.95	138.98	227.84
名 称	单位	单价（元）	数		量		
人工 综合工日	工日	75.00	4.320	5.280	5.690	11.520	38.220
材料 硅藻土隔热砖 GG-0.7	t	－	（0.649）	－	－	－	－
黏土质隔热耐火砖 NG-1.3a	t	－	－	（1.276）	－	－	－
高铝质隔热耐火砖 LG-1.0	t	－	－	－	（0.983）	－	－
黏土质耐火砖 N-2a	t	－	－	－	－	（2.159）	－
镁铝尖晶石砖	t	－	－	－	－	－	（2.938）
黏土质耐火泥浆 NN-42	kg	1.11	60.000	190.000		156.000	
硅藻土粉 熟料 120 目	kg	0.68	140.000				

	定 额 编 号			9-1-246	9-1-247	9-1-248	9-1-249	9-1-250
	项 目			硅藻土隔热砖	黏土质隔热耐火砖	高铝质隔热耐火砖	黏土质耐火砖	镁铝尖晶石砖
材料	高铝质火泥 LF－70 细粒	kg	1.86	－	－	220.000	－	－
	镁质火泥 MF－82	kg	1.82	－	－	－	－	300.000
	碳化硅砂轮片 KVP300mm×25mm×32mm	个	148.09	－	0.005	0.050	0.090	0.140
	碳化硅砂轮片 φ400×25×（3～4）	片	29.56	－	0.240	0.240	－	－
	合金钢切割片（大理石切割片）φ600	片	720.00	－	－	－	0.030	0.091
	一等板方材 综合	m³	2050.00	－	－	－	0.004	0.010
	水	t	4.00	0.060	0.060	0.060	0.060	0.060
机械	灰浆搅拌机 200L	台班	126.18	0.150	0.150	0.150	0.140	0.140
	磨砖机 4kW	台班	213.88	－	0.050	0.050	0.180	0.370
	切砖机 5.5kW	台班	209.48	－	0.120	0.120	－	－
	金刚石切砖机 2.2kW	台班	42.90	－	－	－	0.120	0.156
	离心通风机 335～1300m³/min	台班	96.53	－	0.120	0.120	0.080	0.220
	平衡重式叉车 3t	台班	221.23	0.060	0.090	0.070	0.120	0.180
	卷扬机带塔 3～5t（H=40m）	台班	180.83	0.130	0.180	0.150	0.240	0.350

单位：m³

定　额　编　号			9-1-251	9-1-252	9-1-253
项　　　目			高铝砖	硅线石砖	镁砖
基　　价　（元）			**1994.23**	**1978.80**	**2314.24**
其中	人　工　费　（元）		1389.75	1365.75	1470.00
	材　料　费　（元）		421.76	436.16	616.15
	机　械　费　（元）		182.72	176.89	228.09
名　　　　称	单位	单价（元）	数		量
人工 综合工日	工日	75.00	18.530	18.210	19.600
材 高铝砖 LZ-65	t	－	(2.598)	－	－
硅线石砖 H31	t	－	－	(2.546)	－
镁砖 MZ-87	t	－	－	－	(2.790)
高铝质火泥 LF-70 细粒	kg	1.86	190.000	190.000	－
镁质火泥 MF-82	kg	1.82	－	－	190.000
卤水块	kg	4.00	－	－	56.000
碳化硅砂轮片 KVP300mm×25mm×32mm	个	148.09	0.120	0.120	0.125
碳化硅砂轮片 φ400×25×(3~4)	片	29.56	－	－	0.240
合金钢切割片（大理石切割片）φ600	片	720.00	0.050	0.070	－
料 一等板方材 综合	m³	2050.00	0.007	0.007	0.010
水	t	4.00	0.060	0.060	0.060
机 灰浆搅拌机 200L	台班	126.18	0.140	0.140	0.140
磨砖机 4kW	台班	213.88	0.330	0.330	0.340
切砖机 5.5kW	台班	209.48	－	－	0.120
金刚石切砖机 2.2kW	台班	42.90	0.120	0.120	－
离心通风机 335~1300m³/min	台班	96.53	0.080	0.080	0.200
平衡重式叉车 3t	台班	221.23	0.140	0.130	0.160
械 卷扬机带塔 3~5t(H=40m)	台班	180.83	0.280	0.260	0.320

4. 连续式直立炉

单位:见表

定 额 编 号				9-1-254	9-1-255	9-1-256	9-1-257	9-1-258	9-1-259
项 目				红砖	硅藻土隔热砖	黏土质隔热耐火砖	黏土质耐火砖	硅砖	格子砖
单 位				m³					t
基 价 (元)				**496.99**	**510.04**	**902.81**	**1547.78**	**1418.51**	**205.88**
其中	人 工 费 (元)			328.50	254.25	508.50	903.75	913.50	144.00
	材 料 费 (元)			38.95	162.04	218.97	405.46	287.32	–
	机 械 费 (元)			129.54	93.75	175.34	238.57	217.69	61.88
名 称		单位	单价(元)	数			量		
人工	综合工日	工日	75.00	4.380	3.390	6.780	12.050	12.180	1.920
材料	红砖 100 号	块	–	(555.000)	–	–	–	–	–
	硅藻土隔热砖 GG－0.7	t	–	–	(0.644)	–	–	–	–
	黏土质隔热耐火砖 NG－1.3a	t	–	–	–	(1.288)	–	–	–
	黏土质耐火砖 N－2a	t	–	–	–	–	(2.092)	–	–
	硅砖 JG－94	t	–	–	–	–	–	(1.854)	–
	格子砖	t	–	–	–	–	–	–	(1.025)
	黏土质耐火泥浆 NN－42	kg	1.11	–	60.000	190.000	230.000	–	–
	硅质火泥 GF－90 不分粒度	kg	0.34	–	–	–	–	220.000	–
	硅藻土粉 熟料 120 目	kg	0.68	–	140.000	–	–	–	–
	水泥砂浆 M5	m³	137.68	0.280	–	–	–	–	–
	添加剂	kg	11.65	–	–	–	–	5.600	–
	油毛毡	m²	2.86	–	–	–	0.350	0.350	–

定 额 编 号			9-1-254	9-1-255	9-1-256	9-1-257	9-1-258	9-1-259
项 目			红砖	硅藻土隔热砖	黏土质隔热耐火砖	黏土质耐火砖	硅砖	格子砖
材 料	冷轧薄钢板 $\delta = 2 \sim 2.5$	kg	4.90	–	–	–	1.100	1.100	–
	橡胶板 各种规格	kg	9.68	–	–	–	0.200	0.200	–
	发泡苯乙烯	kg	37.66	–	–	–	0.200	0.200	–
	水玻璃	kg	1.10	–	–	–	4.500	–	–
	镀锌薄钢板 $\delta = 0.5 \sim 0.9$	kg	5.25	–	–	–	0.240	0.240	–
	一等板方材 综合	m³	2050.00	–	–	–	0.050	0.050	–
	碳化硅砂轮片 KVP300mm×25mm×32mm	个	148.09	–	–	0.005	0.059	0.073	–
	碳化硅砂轮片 $\phi400 \times 25 \times (3 \sim 4)$	片	29.56	–	–	0.240	–	–	–
	合金钢切割片(大理石切割片)$\phi600$	片	720.00	–	–	–	0.020	0.020	–
	油纸	m²	2.50	–	–	–	0.500	0.500	–
	水	t	4.00	0.100	0.060	0.060	0.300	0.300	–
机 械	灰浆搅拌机 200L	台班	126.18	0.150	0.150	0.150	0.080	0.080	–
	磨砖机 4kW	台班	213.88	–	–	0.050	0.200	0.180	–
	切砖机 5.5kW	台班	209.48	–	–	0.120	–	–	–
	金刚石切砖机 2.2kW	台班	42.90	–	–	–	0.240	0.200	–
	离心通风机 335~1300m³/min	台班	96.53	–	–	0.120	0.280	0.260	–
	电动空气压缩机 10m³/min	台班	519.44	–	–	–	0.010	0.010	–
	筛砂机	台班	37.08	0.100	–	–	–	–	–
	载货汽车 4t	台班	466.52	0.140	0.110	0.160	0.210	0.190	0.090
	卷扬机带塔 3~5t($H = 40m$)	台班	180.83	0.230	0.130	0.190	0.250	0.230	0.110

5.蒸汽锅炉

定 额 编 号			9-1-260	9-1-261	9-1-262	9-1-263	9-1-264
项 目			红砖	硅藻土隔热砖	黏土质耐火砖		
					底、墙	拆焰墙	穿墙管
单 位			m³			t	
基 价 (元)			**456.74**	**406.44**	**695.47**	**810.59**	**1193.84**
其中	人 工 费 (元)		339.75	190.50	390.75	632.25	1015.50
	材 料 费 (元)		41.89	162.04	218.34	110.20	110.20
	机 械 费 (元)		75.10	53.90	86.38	68.14	68.14
名 称	单位	单价(元)	数			量	
人工 综合工日	工日	75.00	4.530	2.540	5.210	8.430	13.540
材 料 红砖 100 号	块	–	(560.000)	–	–	–	–
硅藻土隔热砖 GG-0.7	t	–	–	(0.640)	–	–	–
黏土质耐火砖 N-2a	t	–	–	–	(2.050)	(1.030)	(1.030)
水泥砂浆 M5	m³	137.68	0.280	–	–	–	–
黏土质耐火泥浆 NN-42	kg	1.11	–	60.000	190.000	85.000	85.000
硅藻土粉 熟料 120 目	kg	0.68	–	140.000	–	–	–

定 额 编 号			9-1-260	9-1-261	9-1-262	9-1-263	9-1-264
项 目			红砖	硅藻土隔热砖	黏土质耐火砖		
					底、墙	拆焰墙	穿墙管
材料	水泥砂浆 1:1	m³	306.36	0.007	–	–	–	–
	红土	kg	2.24	0.220	–	–	–	–
	牛皮胶	kg	15.00	0.020	–	–	–	–
	碳化硅砂轮片 KVP300mm×25mm×32mm	个	148.09	–	–	–	0.060	0.060
	合金钢切割片(大理石切割片)φ600	片	720.00	–	–	0.010	0.008	0.008
	水	t	4.00	0.100	0.060	0.060	0.300	0.300
机械	灰浆搅拌机 200L	台班	126.18	0.150	0.150	0.150	0.070	0.070
	磨砖机 4kW	台班	213.88	–	–	–	0.100	0.100
	金刚石切砖机 2.2kW	台班	42.90	–	–	0.120	0.050	0.050
	离心通风机 335~1300m³/min	台班	96.53	–	–	–	0.050	0.050
	筛砂机	台班	37.08	0.100	–	–	–	–
	平衡重式叉车 3t	台班	221.23	0.090	0.060	0.110	0.050	0.050
	卷扬机带塔 3~5t(H=40m)	台班	180.83	0.180	0.120	0.210	0.110	0.110

第二章　一般工业炉窑

说　　明

一、本章定额适用于第一章专业炉窑中未列的一般工业炉窑砌筑工程。

二、本章定额工作内容包括砌筑的主要工作内容(准备、立线杆、放线、材料运输、泥浆搅拌、砌筑、吊装、临时砖加工、勾缝、质量自检等全部工序),不包括选砖、预砌筑、集中砖加工等次要工序的工作内容,发生时可执行本定额第四章相应项目。

三、平面砌体、弧面砌体内的弧形、圆形拱砌体,执行烧嘴定额。

四、15m³ 以下炉窑的定额是按砖种,不分部位及砌体类别综合编制的,适用于工程量在 15m³ 以下的炉窑;但炉外烟道等工程量在 15m³ 以下者,应执行《冶金工业建设工程预算定额》第一册《土建工程》(上、下册)相应子目。

一、红砖、硅藻土隔热砖

单位:m³

定 额 编 号			9-2-1	9-2-2	9-2-3	9-2-4
项 目			红砖			硅藻土隔热砖
			底、直墙	圆形墙	弧形拱	底、直墙
基 价 (元)			**363.47**	**399.32**	**433.82**	**400.39**
其中	人 工 费 (元)		264.30	300.15	334.65	195.30
	材 料 费 (元)		38.95	38.95	38.95	162.04
	机 械 费 (元)		60.22	60.22	60.22	43.05
名 称	单位	单价(元)	数		量	
人工 综合工日	工日	75.00	3.524	4.002	4.462	2.604
材料 红砖 100 号	块	–	(556.000)	(612.000)	(584.000)	–
硅藻土隔热砖 GG-0.7	t	–	–	–	–	(0.635)
水泥砂浆 M5	m³	137.68	0.280	0.280	0.280	–
黏土质耐火泥浆 NN-42	kg	1.11	–	–	–	60.000
硅藻土粉 熟料 120 目	kg	0.68	–	–	–	140.000
水	t	4.00	0.100	0.100	0.100	0.060
机械 灰浆搅拌机 200L	台班	126.18	0.150	0.150	0.150	0.150
筛砂机	台班	37.08	0.100	0.100	0.100	–
平衡重式叉车 3t	台班	221.23	0.080	0.080	0.080	0.060
卷扬机带塔 3~5t($H=40$m)	台班	180.83	0.110	0.110	0.110	0.060

定 额 编 号			9-2-5	9-2-6	9-2-7	9-2-0
项 目			硅藻土隔热砖			
			圆形墙	弧形拱	管道内衬 φ<1m	管道内衬 φ>1m
基 价 (元)			**412.77**	**501.95**	**630.08**	**490.77**
其 中	人 工 费 (元)		207.68	236.70	425.03	285.68
	材 料 费 (元)		162.04	222.20	162.00	162.04
	机 械 费 (元)		43.05	43.05	43.05	43.05
名 称	单位	单价(元)	数		量	
人工 综合工日	工日	75.00	2.769	3.156	5.667	3.809
材 料 硅藻土隔热砖 GG-0.7	t	–	(0.649)	(0.659)	(0.655)	(0.651)
黏土质耐火泥浆 NN-42	kg	1.11	60.000	200.000	60.000	60.000
硅藻土粉 熟料 120 目	kg	0.68	140.000	–	140.000	140.000
水	t	4.00	0.060	0.050	0.050	0.060
机 械 灰浆搅拌机 200L	台班	126.18	0.150	0.150	0.150	0.150
平衡重式叉车 3t	台班	221.23	0.060	0.060	0.060	0.060
卷扬机带塔 3~5t(H=40m)	台班	180.83	0.060	0.060	0.060	0.060

二、黏土质隔热耐火砖

单位:m³

定 额 编 号			9-2-9	9-2-10	9-2-11	9-2-12	9-2-13
项 目			黏土质隔热耐火砖				
			底、直墙	圆形墙	弧形拱	管道内衬 $\phi < 1m$	管道内衬 $\phi > 1m$
基 价 (元)			**648.58**	**663.05**	**669.65**	**1069.48**	**822.43**
其中	人 工 费 (元)		327.08	341.55	403.65	747.98	500.93
	材 料 费 (元)		218.97	218.97	163.47	218.97	218.97
	机 械 费 (元)		102.53	102.53	102.53	102.53	102.53
名 称	单位	单价(元)	数			量	
人工 综合工日	工日	75.00	4.361	4.554	5.382	9.973	6.679
材料 黏土质隔热耐火砖 NG-1.3a	t	—	(1.249)	(1.275)	(1.287)	(1.318)	(1.299)
黏土质耐火泥浆 NN-42	kg	1.11	190.000	190.000	140.000	190.000	190.000
碳化硅砂轮片 KVP300mm×25mm×32mm	个	148.09	0.005	0.005	0.005	0.005	0.005
碳化硅砂轮片 $\phi 400 \times 25 \times (3 \sim 4)$	片	29.56	0.240	0.240	0.240	0.240	0.240
水	t	4.00	0.060	0.060	0.060	0.060	0.060
机械 灰浆搅拌机 200L	台班	126.18	0.150	0.150	0.150	0.150	0.150
磨砖机 4kW	台班	213.88	0.050	0.050	0.050	0.050	0.050
切砖机 5.5kW	台班	209.48	0.120	0.120	0.120	0.120	0.120
离心通风机 335~1300m³/min	台班	96.53	0.120	0.120	0.120	0.120	0.120
平衡重式叉车 3t	台班	221.23	0.090	0.090	0.090	0.090	0.090
卷扬机带塔 3~5t($H=40m$)	台班	180.83	0.090	0.090	0.090	0.090	0.090

三、高铝质隔热耐火砖

单位：m³

定 额 编 号			9-2-14	9-2-15	9-2-16	9-2-17	9-2-18	9-2-19
项 目			高铝质隔热耐火砖					
			底、直墙	圆形墙	弧形拱	直、斜墙挂砖	圆形墙挂砖	烧嘴
基 价 （元）			**857.44**	**882.26**	**942.34**	**1213.01**	**1259.21**	**1564.09**
其中	人 工 费 （元）		345.68	370.50	430.58	812.85	859.05	1108.13
	材 料 费 （元）		417.27	417.27	417.27	305.67	305.67	361.47
	机 械 费 （元）		94.49	94.49	94.49	94.49	94.49	94.49
名 称	单位	单价（元）	数			量		
人工 综合工日	工日	75.00	4.609	4.940	5.741	10.838	11.454	14.775
材料 高铝质隔热耐火砖 LG-1.0	t	—	(0.960)	(0.982)	(0.992)	(1.006)	(1.012)	(1.004)
高铝质火泥 LF-70 细粒	kg	1.86	220.000	220.000	220.000	160.000	160.000	190.000
碳化硅砂轮片 KVP300mm×25mm×32mm	个	148.09	0.005	0.005	0.005	0.005	0.005	0.005
碳化硅砂轮片 φ400×25×(3~4)	片	29.56	0.240	0.240	0.240	0.240	0.240	0.240
水	t	4.00	0.060	0.060	0.060	0.060	0.060	0.060
机械 灰浆搅拌机 200L	台班	126.18	0.150	0.150	0.150	0.150	0.150	0.150
磨砖机 4kW	台班	213.88	0.050	0.050	0.050	0.050	0.050	0.050
切砖机 5.5kW	台班	209.48	0.120	0.120	0.120	0.120	0.120	0.120
离心通风机 335~1300m³/min	台班	96.53	0.120	0.120	0.120	0.120	0.120	0.120
平衡重式叉车 3t	台班	221.23	0.070	0.070	0.070	0.070	0.070	0.070
卷扬机带塔 3~5t(H=40m)	台班	180.83	0.070	0.070	0.070	0.070	0.070	0.070

四、黏土质耐火砖

单位:m³

定　额　编　号			9-2-20	9-2-21	9-2-22	9-2-23	9-2-24	9-2-25
项　　　目			底、直墙				圆形墙	
			标普		异特		标普	
			Ⅱ类	Ⅲ类	Ⅱ类	Ⅲ类	Ⅱ类	Ⅲ类
基　　价（元）			**654.17**	**629.72**	**678.22**	**653.02**	**681.77**	**653.87**
其中	人　工　费（元）		389.85	347.10	403.65	360.15	417.45	371.25
	材　料　费（元）		185.78	218.34	185.78	218.34	185.78	218.34
	机　械　费（元）		78.54	64.28	88.79	74.53	78.54	64.28
名　　　称	单位	单价（元）	数			量		
人工 综合工日	工日	75.00	5.198	4.628	5.382	4.802	5.566	4.950
材料 黏土质耐火砖 N-2a	t	—	(2.122)	(2.049)	(2.150)	(2.096)	(2.159)	(2.086)
黏土质耐火泥浆 NN-42	kg	1.11	160.000	190.000	160.000	190.000	160.000	190.000
碳化硅砂轮片 KVP300mm×25mm×32mm	个	148.09	0.005	—	0.005	—	0.005	—
合金钢切割片（大理石切割片）φ600	片	720.00	0.010	0.010	0.010	0.010	0.010	0.010
水	t	4.00	0.060	0.060	0.060	0.060	0.060	0.060
机械 灰浆搅拌机 200L	台班	126.18	0.140	0.150	0.140	0.150	0.140	0.150
磨砖机 4kW	台班	213.88	0.050	—	0.050	—	0.050	—
金刚石切砖机 2.2kW	台班	42.90	0.120	0.120	0.120	0.120	0.120	0.120
离心通风机 335~1300m³/min	台班	96.53	0.050	—	0.050	—	0.050	—
平衡重式叉车 3t	台班	221.23	0.100	0.100	0.130	0.130	0.100	0.100
卷扬机带塔 3~5t（H=40m）	台班	180.83	0.100	0.100	0.120	0.120	0.100	0.100

定 额 编 号			9-2-26	9-2-27	9-2-28	9-2-29	9-2-30	9-2-31
项 目			圆形墙		弧形拱		烧嘴	平台干铺
			异特		标普	异特		
			Ⅱ类	Ⅲ类	Ⅱ类			
基 价 (元)			**705.82**	**677.92**	**726.47**	**750.52**	**1499.17**	**250.66**
其中	人 工 费 (元)		431.25	385.05	484.35	498.15	1246.80	210.45
	材 料 费 (元)		185.78	218.34	163.58	163.58	163.58	–
	机 械 费 (元)		88.79	74.53	78.54	88.79	88.79	40.21
名 称	单位	单价(元)	数			量		
人工 综合工日	工日	75.00	5.750	5.134	6.458	6.642	16.624	2.806
材料 黏土质耐火砖 N-2a	t	–	(2.167)	(2.103)	(2.139)	(2.148)	(2.137)	(2.139)
黏土质耐火泥浆 NN-42	kg	1.11	160.000	190.000	140.000	140.000	140.000	–
碳化硅砂轮片 KVP300mm×25mm×32mm	个	148.09	0.005	–	0.005	0.005	0.005	–
合金钢切割片(大理石切割片)φ600	片	720.00	0.010	0.010	0.010	0.010	0.010	–
水	t	4.00	0.060	0.060	0.060	0.060	0.060	–
机械 灰浆搅拌机 200L	台班	126.18	0.140	0.150	0.140	0.140	0.140	–
磨砖机 4kW	台班	213.88	0.050	–	0.050	0.050	0.050	–
金刚石切砖机 2.2kW	台班	42.90	0.120	0.120	0.120	0.120	0.120	–
离心通风机 335~1300m³/min	台班	96.53	0.050	–	0.050	0.050	0.050	–
平衡重式叉车 3t	台班	221.23	0.130	0.130	0.100	0.130	0.130	0.100
卷扬机带塔 3~5t(H=40m)	台班	180.83	0.120	0.120	0.100	0.120	0.120	0.100

单位:m³

定　额　编　号				9-2-32	9-2-33	9-2-34	9-2-35	9-2-36	9-2-37
项　　　目				管道内衬 φ<1m				管道内衬 φ>1m	
				标普		异特		标普	
				普通泥浆	高强泥浆	普通泥浆	高强泥浆	普通泥浆	高强泥浆
基　　　　价　（元）				**1212.55**	**1852.35**	**1238.70**	**1874.94**	**936.55**	**1451.48**
其中	人　工　费（元）			914.93	1153.65	930.83	1168.20	638.93	752.78
	材　料　费（元）			219.08	630.40	219.08	630.40	219.08	630.40
	机　械　费（元）			78.54	68.30	88.79	76.34	78.54	68.30
名　　　　称		单位	单价(元)	数				量	
人工	综合工日	工日	75.00	12.199	15.382	12.411	15.576	8.519	10.037
材料	黏土质耐火砖 N-2a	t	—	(2.150)	(2.150)	(2.146)	(2.146)	(2.150)	(2.150)
	黏土质耐火泥浆 NN-42	kg	1.11	190.000	—	190.000	—	190.000	—
	高强泥浆	kg	1.95	—	200.000	—	200.000	—	200.000
	添加剂	kg	11.65	—	20.000	—	20.000	—	20.000
	碳化硅砂轮片 KVP300mm×25mm×32mm	个	148.09	0.005	—	0.005	—	0.005	—
	合金钢切割片（大理石切割片）φ600	片	720.00	0.010	0.010	0.010	0.010	0.010	0.010
	水	t	4.00	0.060	0.050	0.060	0.050	0.060	0.050
机械	灰浆搅拌机 200L	台班	126.18	0.140	0.150	0.140	0.150	0.140	0.150
	磨砖机 4kW	台班	213.88	0.050	—	0.050	—	0.050	—
	金刚石切砖机 2.2kW	台班	42.90	0.120	0.120	0.120	0.120	0.120	0.120
	离心通风机 335~1300m³/min	台班	96.53	0.050	—	0.050	—	0.050	—
	平衡重式叉车 3t	台班	221.23	0.100	0.110	0.130	0.130	0.100	0.110
	卷扬机带塔 3~5t(H=40m)	台班	180.83	0.100	0.110	0.130	0.130	0.100	0.110

定 额 编 号			9-2-38	9-2-39	9-2-40	9-2-41	9-2-42	9-2-43
项 目			管道内衬 φ>1m		平、斜顶挂砖			
			异特		带齿		不带齿	
			普通泥浆	高强泥浆	湿砌	干砌	湿砌	干砌
基 价 (元)			**929.55**	**1511.94**	**941.70**	**585.31**	**861.67**	**528.69**
其中	人 工 费 (元)		621.68	805.20	689.33	495.45	609.30	438.83
	材 料 费 (元)		219.08	630.40	163.58	8.53	163.58	8.53
	机 械 费 (元)		88.79	76.34	88.79	81.33	88.79	81.33
名 称	单位	单价(元)	数			量		
人工 综合工日	工日	75.00	8.289	10.736	9.191	6.606	8.124	5.851
材料 黏土质耐火砖 N-2a	t	–	(2.146)	(2.146)	(2.135)	(2.156)	(2.150)	(2.165)
黏土质耐火泥浆 NN-42	kg	1.11	190.000	–	140.000	–	140.000	–
高强泥浆	kg	1.95	–	200.000	–	–	–	–
添加剂	kg	11.65	–	20.000	–	–	–	–
碳化硅砂轮片 KVP300mm×25mm×32mm	个	148.09	0.005	–	0.005	0.009	0.005	0.009
合金钢切割片(大理石切割片)φ600	片	720.00	0.010	0.010	0.010	0.010	0.010	0.010
水	t	4.00	0.060	0.050	0.060	–	0.060	–
机械 灰浆搅拌机 200L	台班	126.18	0.140	0.150	0.140	–	0.140	–
磨砖机 4kW	台班	213.88	0.050	–	0.050	0.090	0.050	0.090
金刚石切砖机 2.2kW	台班	42.90	0.120	0.120	0.120	0.120	0.120	0.120
离心通风机 335~1300m³/min	台班	96.53	0.050	–	0.050	0.090	0.050	0.090
平衡重式叉车 3t	台班	221.23	0.130	0.130	0.130	0.120	0.130	0.120
卷扬机带塔 3~5t(H=40m)	台班	180.83	0.120	0.130	0.120	0.120	0.120	0.120

単位:m³

定 额 编 号			9-2-44	9-2-45	9-2-46	9-2-47	9-2-48	9-2-49
项 目			反拱底				漏斗	
			标普		异特		标普	异特
			Ⅰ类	Ⅱ类	Ⅰ类	Ⅱ类		
基 价 (元)			**743.69**	**701.12**	**767.07**	**724.42**	**884.65**	**1010.77**
其中	人 工 费 (元)		500.93	436.80	514.05	449.85	620.33	736.20
	材 料 费 (元)		153.07	185.78	153.07	185.78	185.78	185.78
	机 械 费 (元)		89.69	78.54	99.95	88.79	78.54	88.79
名 称	单位	单价(元)	数			量		
人工 综合工日	工日	75.00	6.679	5.824	6.854	5.998	8.271	9.816
材料 黏土质耐火砖 N-2a	t	—	(2.197)	(2.129)	(2.206)	(2.124)	(2.184)	(2.223)
黏土质耐火泥浆 NN-42	kg	1.11	130.000	160.000	130.000	160.000	160.000	160.000
碳化硅砂轮片 KVP300mm×25mm×32mm	个	148.09	0.009	0.005	0.009	0.005	0.005	0.005
合金钢切割片(大理石切割片)φ600	片	720.00	0.010	0.010	0.010	0.010	0.010	0.010
水	t	4.00	0.060	0.060	0.060	0.060	0.060	0.060
机械 灰浆搅拌机 200L	台班	126.18	0.130	0.140	0.130	0.140	0.140	0.140
磨砖机 4kW	台班	213.88	0.090	0.050	0.090	0.050	0.050	0.050
金刚石切砖机 2.2kW	台班	42.90	0.120	0.120	0.120	0.120	0.120	0.120
离心通风机 335~1300m³/min	台班	96.53	0.090	0.050	0.090	0.050	0.050	0.050
平衡重式叉车 3t	台班	221.23	0.100	0.100	0.130	0.130	0.100	0.130
卷扬机带塔 3~5t(H=40m)	台班	180.83	0.100	0.100	0.120	0.120	0.100	0.120

五、高铝砖

定 额 编 号			9-2-50	9-2-51	9-2-52	9-2-53	9-2-54	9-2-55
项 目			底、直墙				圆形墙	
			标普		异特		标普	
			Ⅰ类	Ⅱ类	Ⅰ类	Ⅱ类	Ⅰ类	Ⅱ类
基 价 (元)			**978.67**	**953.71**	**1008.66**	**977.65**	**983.47**	**957.83**
其中	人 工 费 (元)		558.90	487.13	576.83	503.03	563.70	491.25
	材 料 费 (元)		320.77	375.98	320.77	375.98	320.77	375.98
	机 械 费 (元)		99.00	90.60	111.06	98.64	99.00	90.60
名 称	单位	单价(元)	数			量		
人工 综合工日	工日	75.00	7.452	6.495	7.691	6.707	7.516	6.550
材料 高铝砖 LZ-65	t	—	(2.657)	(2.566)	(2.670)	(2.587)	(2.681)	(2.584)
高铝质火泥 LF-70 细粒	kg	1.86	160.000	190.000	160.000	190.000	160.000	190.000
碳化硅砂轮片 KVP300mm×25mm×32mm	个	148.09	0.009	0.005	0.009	0.005	0.009	0.005
合金钢切割片(大理石切割片)φ600	片	720.00	0.030	0.030	0.030	0.030	0.030	0.030
水	t	4.00	0.060	0.060	0.060	0.060	0.060	0.060
机械 灰浆搅拌机 200L	台班	126.18	0.140	0.140	0.140	0.140	0.140	0.140
磨砖机 4kW	台班	213.88	0.090	0.050	0.090	0.050	0.090	0.050
金刚石切砖机 2.2kW	台班	42.90	0.120	0.120	0.120	0.120	0.120	0.120
离心通风机 335~1300m³/min	台班	96.53	0.090	0.050	0.090	0.050	0.090	0.050
平衡重式叉车 3t	台班	221.23	0.120	0.130	0.150	0.150	0.120	0.130
卷扬机带塔 3~5t(H=40m)	台班	180.83	0.120	0.130	0.150	0.150	0.120	0.130

定　额　编　号			9-2-56	9-2-57	9-2-58	9-2-59	9-2-60
项　　　　　目			圆形墙		弧形拱		烧嘴
			异特		标普	异特	
			Ⅰ类	Ⅱ类	Ⅰ、Ⅱ类		
基　　价　　（元）			**1011.43**	**981.77**	**1104.16**	**1127.35**	**2073.32**
其中	人　工　费　（元）		579.60	507.15	637.58	652.73	1598.70
	材　料　费　（元）		320.77	375.98	375.98	375.98	375.98
	机　械　费　（元）		111.06	98.64	90.60	98.64	98.64
名　　　称	单位	单价(元)	数			量	
人工 综合工日	工日	75.00	7.728	6.762	8.501	8.703	21.316
材料	高铝砖 LZ－65	t	－	(2.686)	(2.595)	(2.613)	(2.621)	(2.608)
	高铝质火泥 LF－70 细粒	kg	1.86	160.000	190.000	190.000	190.000	190.000
	碳化硅砂轮片 KVP300mm×25mm×32mm	个	148.09	0.009	0.005	0.005	0.005	0.005
	合金钢切割片（大理石切割片）φ600	片	720.00	0.030	0.030	0.030	0.030	0.030
	水	t	4.00	0.060	0.060	0.060	0.060	0.060
机械	灰浆搅拌机 200L	台班	126.18	0.140	0.140	0.140	0.140	0.140
	磨砖机 4kW	台班	213.88	0.090	0.050	0.050	0.050	0.050
	金刚石切砖机 2.2kW	台班	42.90	0.120	0.120	0.120	0.120	0.120
	离心通风机 335～1300m³/min	台班	96.53	0.090	0.050	0.050	0.050	0.050
	平衡重式叉车 3t	台班	221.23	0.150	0.150	0.130	0.150	0.150
	卷扬机带塔 3～5t（H＝40m）	台班	180.83	0.150	0.150	0.130	0.150	0.150

定 额 编 号			9-2-61	9-2-62	9-2-63	9-2-64	9-2-65	9-2-66	9-2-67
项 目			管道内衬 φ<1m				管道内衬 φ>1m		
			标普		异特		标普		异特
			普通泥浆	高强泥浆	普通泥浆	高强泥浆	普通泥浆	高强泥浆	普通泥浆
基 价 (元)			**1683.11**	**2159.90**	**1711.00**	**2218.23**	**1282.16**	**1668.65**	**1310.80**
其中	人 工 费 (元)		1164.75	1442.78	1180.58	1489.05	763.80	951.53	780.38
	材 料 费 (元)		431.78	644.80	431.78	644.80	431.78	644.80	431.78
	机 械 费 (元)		86.58	72.32	98.64	84.38	86.58	72.32	98.64
名 称	单位	单价(元)	数				量		
人工 综合工日	工日	75.00	15.530	19.237	15.741	19.854	10.184	12.687	10.405
材料 高铝砖 LZ-65	t	–	(2.613)	(2.613)	(2.608)	(2.608)	(2.574)	(2.574)	(2.569)
高铝质火泥 LF-70 细粒	kg	1.86	220.000	–	220.000	–	220.000	–	220.000
高强泥浆	kg	1.95	–	200.000	–	200.000	–	200.000	–
添加剂	kg	11.65	–	20.000	–	20.000	–	20.000	–
碳化硅砂轮片 KVP300mm×25mm×32mm	个	148.09	0.005	–	0.005	–	0.005	–	0.005
合金钢切割片(大理石切割片) φ600	片	720.00	0.030	0.030	0.030	0.030	0.030	0.030	0.030
水	t	4.00	0.060	0.050	0.060	0.050	0.060	0.050	0.060
机械 灰浆搅拌机 200L	台班	126.18	0.140	0.150	0.140	0.150	0.140	0.150	0.140
磨砖机 4kW	台班	213.88	0.050	–	0.050	–	0.050	–	0.050
金刚石切砖机 2.2kW	台班	42.90	0.120	0.120	0.120	0.120	0.120	0.120	0.120
离心通风机 335~1300m³/min	台班	96.53	0.050	–	0.050	–	0.050	–	0.050
平衡重式叉车 3t	台班	221.23	0.120	0.150	0.120	0.150	0.120	0.150	0.120
卷扬机带塔 3~5t(H=40m)	台班	180.83	0.120	0.120	0.150	0.150	0.120	0.120	0.150

定 额 编 号			9-2-68	9-2-69	9-2-70	9-2-71	9-2-72
项 目			管道内衬 $\phi > 1m$	平、斜顶挂砖			
			异特	带齿		不带齿	
			高强泥浆	湿砌	干砌	湿砌	干砌
基 价 (元)			**1695.86**	**1291.67**	**742.98**	**1187.50**	**668.43**
其中	人 工 费 (元)		966.68	872.85	630.68	768.68	556.13
	材 料 费 (元)		644.80	320.18	22.93	320.18	22.93
	机 械 费 (元)		84.38	98.64	89.37	98.64	89.37
名 称	单位	单价(元)	数		量		
人工 综合工日	工日	75.00	12.889	11.638	8.409	10.249	7.415
材料	高铝砖 LZ-65	t	–	(2.569)	(2.569)	(2.597)	(2.597)	(2.616)
	高铝质火泥 LF-70 细粒	kg	1.86	–	160.000	–	160.000	–
	高强泥浆	kg	1.95	200.000	–	–	–	–
	添加剂	kg	11.65	20.000	–	–	–	–
	碳化硅砂轮片 KVP300mm×25mm×32mm	个	148.09	–	0.005	0.009	0.005	0.009
	合金钢切割轮片(大理石切割片)$\phi600$	片	720.00	0.030	0.030	0.030	0.030	0.030
	水	t	4.00	0.050	0.060	–	0.060	–
机械	灰浆搅拌机 200L	台班	126.18	0.150	0.140	–	0.140	–
	磨砖机 4kW	台班	213.88	–	0.050	0.090	0.050	0.090
	金刚石切砖机 2.2kW	台班	42.90	0.120	0.120	0.120	0.120	0.120
	离心通风机 335~1300m³/min	台班	96.53	–	0.050	0.090	0.050	0.090
	平衡重式叉车 3t	台班	221.23	0.150	0.150	0.140	0.150	0.140
	卷扬机带塔 3~5t(H=40m)	台班	180.83	0.150	0.150	0.140	0.150	0.140

定　额　编　号			9-2-73	9-2-74	9-2-75	9-2-76	9-2-77	9-2-78
项　　目			反拱底				漏斗	
			标普		异特		标普	异特
			Ⅰ类	Ⅱ类	Ⅰ类	Ⅱ类		
基　　价　（元）			**1047.76**	**1013.03**	**1075.72**	**1036.30**	**1252.51**	**1408.90**
其中	人　工　费　（元）		629.25	546.45	645.15	561.68	785.93	934.28
	材　料　费　（元）		320.77	375.98	320.77	375.98	375.98	375.98
	机　械　费　（元）		97.74	90.60	109.80	98.64	90.60	98.64
名　　　称	单位	单价（元）	数					量
人工 综合工日	工日	75.00	8.390	7.286	8.602	7.489	10.479	12.457
材料 高铝砖 LZ-65	t	—	(2.657)	(2.571)	(2.668)	(2.569)	(2.642)	(2.688)
高铝质火泥 LF-70 细粒	kg	1.86	160.000	190.000	160.000	190.000	190.000	190.000
碳化硅砂轮片 KVP300mm×25mm×32mm	个	148.09	0.009	0.005	0.009	0.005	0.005	0.005
合金钢切割片（大理石切割片）φ600	片	720.00	0.030	0.030	0.030	0.030	0.030	0.030
水	t	4.00	0.060	0.060	0.060	0.060	0.060	0.060
机械 灰浆搅拌机 200L	台班	126.18	0.130	0.140	0.130	0.140	0.140	0.140
磨砖机 4kW	台班	213.88	0.090	0.050	0.090	0.050	0.050	0.050
金刚石切砖机 2.2kW	台班	42.90	0.120	0.120	0.120	0.120	0.120	0.120
离心通风机 335~1300m³/min	台班	96.53	0.090	0.050	0.090	0.050	0.050	0.050
平衡重式叉车 3t	台班	221.23	0.120	0.130	0.150	0.150	0.130	0.150
卷扬机带塔 3~5t（H=40m）	台班	180.83	0.120	0.130	0.150	0.150	0.130	0.150

六、硅砖

单位:m³

定 额 编 号			9-2-79	9-2-80	9-2-81	9-2-82
项 目			底、直墙			
			标普		异特	
			Ⅱ类	Ⅲ类	Ⅱ类	Ⅲ类
基 价 (元)			**556.41**	**499.35**	**594.32**	**540.54**
其中	人 工 费 (元)		412.65	367.05	449.18	400.20
	材 料 费 (元)		69.24	72.04	62.58	72.04
	机 械 费 (元)		74.52	60.26	82.56	68.30
名 称	单位	单价(元)	数		量	
人工 综合工日	工日	75.00	5.502	4.894	5.989	5.336
材料 硅砖 GZ-93	t	—	(1.885)	(1.815)	(1.898)	(1.851)
硅质火泥 GF-90 不分粒度	kg	0.34	160.000	190.000	160.000	190.000
碳化硅砂轮片 KVP300mm×25mm×32mm	个	148.09	0.050	—	0.005	—
合金钢切割片(大理石切割片)φ600	片	720.00	0.010	0.010	0.010	0.010
水	t	4.00	0.060	0.060	0.060	0.060
机械 灰浆搅拌机 200L	台班	126.18	0.140	0.150	0.140	0.150
磨砖机 4kW	台班	213.88	0.050	—	0.050	—
金刚石切砖机 2.2kW	台班	42.90	0.120	0.120	0.120	0.120
离心通风机 335～1300m³/min	台班	96.53	0.050	—	0.050	—
平衡重式叉车 3t	台班	221.23	0.090	0.090	0.110	0.110
卷扬机带塔 3～5t($H=40$m)	台班	180.83	0.090	0.090	0.110	0.110

定 额 编 号			9-2-83	9-2-84	9-2-85	9-2-86	9-2-87	9-2-88
项 目			圆形墙				弧形拱	
			标普		异特		标普	异特
			Ⅱ类	Ⅲ类	Ⅱ类	Ⅲ类		
基 价 (元)			**578.03**	**528.38**	**597.77**	**543.32**	**644.35**	**663.42**
其中	人 工 费 (元)		440.93	396.08	452.63	402.98	514.05	525.08
	材 料 费 (元)		62.58	72.04	62.58	72.04	55.78	55.78
	机 械 费 (元)		74.52	60.26	82.56	68.30	74.52	82.56
名 称	单位	单价(元)	数			量		
人工 综合工日	工日	75.00	5.879	5.281	6.035	5.373	6.854	7.001
材料 硅砖 GZ-93	t	—	(1.898)	(1.843)	(1.906)	(1.859)	(1.900)	(1.898)
硅质火泥 GF-90 不分粒度	kg	0.34	160.000	190.000	160.000	190.000	140.000	140.000
碳化硅砂轮片 KVP300mm×25mm×32mm	个	148.09	0.005	—	0.005	—	0.005	0.005
合金钢切割片(大理石切割片)φ600	片	720.00	0.010	0.010	0.010	0.010	0.010	0.010
水	t	4.00	0.060	0.060	0.060	0.060	0.060	0.060
机械 灰浆搅拌机 200L	台班	126.18	0.140	0.150	0.140	0.150	0.140	0.140
磨砖机 4kW	台班	213.88	0.050	—	0.050	—	0.050	0.050
金刚石切砖机 2.2kW	台班	42.90	0.120	0.120	0.120	0.120	0.120	0.120
离心通风机 335~1300m³/min	台班	96.53	0.050	—	0.050	—	0.050	0.050
平衡重式叉车 3t	台班	221.23	0.090	0.090	0.110	0.110	0.090	0.110
卷扬机带塔 3~5t(H=40m)	台班	180.83	0.090	0.090	0.110	0.110	0.090	0.110

単位：m³

定 额 编 号				9-2-89	9-2-90	9-2-91	9-2-92
项 目				烧嘴	平、斜顶挂砖		
					带齿		不带齿
					湿砌	干砌	湿砌
基 价 （元）				**1487.97**	**874.54**	**600.79**	**786.27**
其中	人 工 费 （元）			1349.63	736.20	531.98	647.93
	材 料 费 （元）			55.78	55.78	7.94	55.78
	机 械 费 （元）			82.56	82.56	60.87	82.56
名 称		单位	单价（元）	数		量	
人工	综合工日	工日	75.00	17.995	9.816	7.093	8.639
材料	硅砖 GZ-93	t	—	(1.904)	(1.887)	(1.906)	(1.900)
	硅质火泥 GF-90 不分粒度	kg	0.34	140.000	140.000	—	140.000
	碳化硅砂轮片 KVP300mm×25mm×32mm	个	148.09	0.005	0.005	0.005	0.005
	合金钢切割片（大理石切割片）φ600	片	720.00	0.010	0.010	0.010	0.010
	水	t	4.00	0.060	0.060	—	0.060
机械	灰浆搅拌机 200L	台班	126.18	0.140	0.140	—	0.140
	磨砖机 4kW	台班	213.88	0.050	0.050	0.050	0.050
	金刚石切砖机 2.2kW	台班	42.90	0.120	0.120	0.120	0.120
	离心通风机 335~1300m³/min	台班	96.53	0.050	0.050	0.050	0.050
	平衡重式叉车 3t	台班	221.23	0.110	0.110	0.100	0.110
	卷扬机带塔 3~5t（H=40m）	台班	180.83	0.110	0.110	0.100	0.110

定 额 编 号			9-2-93	9-2-94	9-2-95	9-2-96	9-2-97
项 目			平、斜顶挂砖	反拱底			
			不带齿	标普		异特	
			干砌	Ⅰ类	Ⅱ类	Ⅰ类	Ⅱ类
基 价 （元）			**530.44**	**671.29**	**598.73**	**691.11**	**617.79**
其中	人 工 费 （元）		461.63	532.65	461.63	544.43	472.65
	材 料 费 （元）		7.94	52.97	62.58	52.97	62.58
	机 械 费 （元）		60.87	85.67	74.52	93.71	82.56
名 称	单位	单价（元）	数		量		
人工 综合工日	工日	75.00	6.155	7.102	6.155	7.259	6.302
材料 硅砖 GZ-93	t	–	(1.911)	(1.951)	(1.879)	(1.949)	(1.877)
硅质火泥 GF-90 不分粒度	kg	0.34	–	130.000	160.000	130.000	160.000
碳化硅砂轮片 KVP300mm×25mm×32mm	个	148.09	0.005	0.009	0.005	0.009	0.005
合金钢切割片（大理石切割片）φ600	片	720.00	0.010	0.010	0.010	0.010	0.010
水	t	4.00	–	0.060	0.060	0.060	0.060
机械 灰浆搅拌机 200L	台班	126.18	–	0.130	0.140	0.130	0.140
磨砖机 4kW	台班	213.88	0.050	0.090	0.050	0.090	0.050
金刚石切砖机 2.2kW	台班	42.90	0.120	0.120	0.120	0.120	0.120
离心通风机 335~1300m³/min	台班	96.53	0.050	0.090	0.050	0.090	0.050
平衡重式叉车 3t	台班	221.23	0.090	0.090	0.090	0.110	0.110
卷扬机带塔 3~5t（H=40m）	台班	180.83	0.100	0.090	0.090	0.110	0.110

七、镁质砖

单位：m³

定 额 编 号			9-2-98	9-2-99	9-2-100	9-2-101	9-2-102	9-2-103
项 目			底、直墙					
			标普			异特		
			Ⅰ类	Ⅱ类	干砌	Ⅰ类	Ⅱ类	干砌
基 价 （元）			**1165.97**	**1254.69**	**667.17**	**1191.27**	**1282.87**	**695.13**
其中	人 工 费 （元）		642.38	555.45	414.00	659.63	573.38	429.90
	材 料 费 （元）		393.67	577.87	144.93	393.67	577.87	144.93
	机 械 费 （元）		129.92	121.37	108.24	137.97	131.62	120.30
名 称	单位	单价（元）	数		量			
人工 综合工日	工日	75.00	8.565	7.406	5.520	8.795	7.645	5.732
材料 镁砖 MZ-87	t	—	(2.806)	(2.764)	(2.797)	(2.817)	(2.738)	(2.817)
镁质火泥 MF-82	kg	1.82	150.000	190.000	75.000	150.000	190.000	75.000
卤水块	kg	4.00	28.000	56.000	—	28.000	56.000	—
碳化硅砂轮片 KVP300mm×25mm×32mm	个	148.09	0.009	0.005	0.009	0.009	0.005	0.009
碳化硅砂轮片 $\phi400 \times 25 \times (3\sim4)$	片	29.56	0.240	0.240	0.240	0.240	0.240	0.240
水	t	4.00	0.060	0.060	—	0.060	0.060	—
机械 灰浆搅拌机 200L	台班	126.18	0.140	0.140	—	0.140	0.140	—
磨砖机 4kW	台班	213.88	0.090	0.050	0.090	0.090	0.050	0.090
切砖机 5.5kW	台班	209.48	0.120	0.120	0.120	0.120	0.120	0.120
离心通风机 335~1300m³/min	台班	96.53	0.120	0.120	0.120	0.120	0.120	0.120
平衡重式叉车 3t	台班	221.23	0.140	0.140	0.130	0.160	0.170	0.160
卷扬机带塔 3~5t（$H=40m$）	台班	180.83	0.140	0.140	0.130	0.160	0.160	0.160

单位:m³

定 额 编 号			9-2-104	9-2-105	9-2-106	9-2-107	9-2-108	9-2-109
项 目			圆形墙					
			标普			异特		
			I类	II类	干砌	I类	II类	干砌
基 价 (元)			**1173.54**	**1251.92**	**665.82**	**1187.14**	**1279.42**	**694.38**
其中	人 工 费 (元)		649.95	552.68	412.65	655.50	569.93	429.15
	材 料 费 (元)		393.67	577.87	144.93	393.67	577.87	144.93
	机 械 费 (元)		129.92	121.37	108.24	137.97	131.62	120.30
名 称	单位	单价(元)	数			量		
人工 综合工日	工日	75.00	8.666	7.369	5.502	8.740	7.599	5.722
材料 镁砖 MZ-87	t	–	(2.806)	(2.752)	(2.803)	(2.811)	(2.766)	(2.808)
镁质火泥 MF-82	kg	1.82	150.000	190.000	75.000	150.000	190.000	75.000
卤水块	kg	4.00	28.000	56.000	–	28.000	56.000	–
碳化硅砂轮片 KVP300mm×25mm×32mm	个	148.09	0.009	0.005	0.009	0.009	0.005	0.009
碳化硅砂轮片 φ400×25×(3~4)	片	29.56	0.240	0.240	0.240	0.240	0.240	0.240
水	t	4.00	0.060	0.060	–	0.060	0.060	–
机械 灰浆搅拌机 200L	台班	126.18	0.140	0.140	–	0.140	0.140	–
磨砖机 4kW	台班	213.88	0.090	0.050	0.090	0.090	0.050	0.090
切砖机 5.5kW	台班	209.48	0.120	0.120	0.120	0.120	0.120	0.120
离心通风机 335~1300m³/min	台班	96.53	0.120	0.120	0.120	0.120	0.120	0.120
平衡重式叉车 3t	台班	221.23	0.140	0.140	0.130	0.160	0.170	0.160
卷扬机带塔 3~5t(H=40m)	台班	180.83	0.140	0.140	0.130	0.160	0.160	0.160

定 额 编 号			9-2-110	9-2-111	9-2-112	9-2-113	9-2-114
项 目			弧形拱		反拱底		挂砖
			标普	异特	标普	异特	
			干砌				
基 价 (元)			**769.32**	**797.21**	**716.15**	**744.78**	**954.56**
其中	人 工 费 (元)		516.15	531.98	462.98	479.55	689.33
	材 料 费 (元)		144.93	144.93	144.93	144.93	144.93
	机 械 费 (元)		108.24	120.30	108.24	120.30	120.30
名 称	单位	单价(元)	数		量		
人工 综合工日	工日	75.00	6.882	7.093	6.173	6.394	9.191
材料 镁砖 MZ-87	t	—	(2.825)	(2.828)	(2.842)	(2.842)	(2.884)
镁质火泥 MF-82	kg	1.82	75.000	75.000	75.000	75.000	75.000
碳化硅砂轮片 KVP300mm×25mm×32mm	个	148.09	0.009	0.009	0.009	0.009	0.009
碳化硅砂轮片 φ400×25×(3~4)	片	29.56	0.240	0.240	0.240	0.240	0.240
机械 磨砖机 4kW	台班	213.88	0.090	0.090	0.090	0.090	0.090
切砖机 5.5kW	台班	209.48	0.120	0.120	0.120	0.120	0.120
离心通风机 335~1300m³/min	台班	96.53	0.120	0.120	0.120	0.120	0.120
平衡重式叉车 3t	台班	221.23	0.130	0.160	0.130	0.160	0.160
卷扬机带塔 3~5t(H=40m)	台班	180.83	0.130	0.160	0.130	0.160	0.160

八、石墨块、炭块

单位：m³

定 额 编 号			9-2-115	9-2-116	9-2-117	9-2-118
项 目			石墨块	炭块		
				直、斜底	平、斜墙	立式圆形墙
基 价 （元）			**895.35**	**483.94**	**483.94**	**540.56**
其中	人 工 费 （元）		747.98	338.78	338.78	395.40
	材 料 费 （元）		87.50	87.50	87.50	87.50
	机 械 费 （元）		59.87	57.66	57.66	57.66
名 称	单位	单价（元）	数		量	
人工 综合工日	工日	75.00	9.973	4.517	4.517	5.272
材料 石墨块 毛坯	t	－	(1.720)	－	－	－
炭块	t	－	－	(1.603)	(1.613)	(1.613)
细缝糊	kg	2.50	35.000	35.000	35.000	35.000
机械 电动葫芦（单速）2t	台班	51.76	0.380	0.380	0.380	0.380
平衡重式叉车 3t	台班	221.23	0.100	0.090	0.090	0.090
卷扬机带塔 3～5t（$H=40m$）	台班	180.83	0.100	0.100	0.100	0.100

九、刚玉砖

单位：m³

定 额 编 号			9-2-119	9-2-120	9-2-121	9-2-122	9-2-123
项 目			平、斜底		直、斜墙		立式圆形墙
			标普	异特	标普	异特	标普
基 价 （元）			**3048.23**	**3078.90**	**3048.23**	**3078.90**	**3095.10**
其中	人 工 费 （元）		658.28	676.88	658.28	676.88	705.15
	材 料 费 （元）		2305.57	2305.57	2305.57	2305.57	2305.57
	机 械 费 （元）		84.38	96.45	84.38	96.45	84.38
名 称	单位	单价（元）	数			量	
人工 综合工日	工日	75.00	8.777	9.025	8.777	9.025	9.402
材料 刚玉砖	t	－	(2.979)	(3.001)	(3.001)	(3.026)	(3.001)
刚玉粉 GB 180－80	kg	15.78	69.000	69.000	69.000	69.000	69.000
刚玉砂 GB 360－80	kg	8.50	120.000	120.000	120.000	120.000	120.000
磷酸 0.85	kg	5.91	20.000	20.000	20.000	20.000	20.000
氢氧化铝 0.38	kg	6.97	3.000	3.000	3.000	3.000	3.000
合金钢切割片（大理石切割片）$\phi600$	片	720.00	0.080	0.080	0.080	0.080	0.080
水	t	4.00	0.010	0.010	0.010	0.010	0.010
机械 灰浆搅拌机 200L	台班	126.18	0.150	0.150	0.150	0.150	0.150
金刚石切砖机 2.2kW	台班	42.90	0.120	0.120	0.120	0.120	0.120
平衡重式叉车 3t	台班	221.23	0.150	0.180	0.150	0.180	0.150
卷扬机带塔 3～5t（$H=40$m）	台班	180.83	0.150	0.180	0.150	0.180	0.150

定 额 编 号			9-2-124	9-2-125	9-2-126	9-2-127	9-2-128
项 目			立式圆形墙	弧形顶		球形顶	烧嘴
			异特	标普	异特		
基 价 （元）			**3125.85**	**3220.05**	**3251.40**	**3846.90**	**4651.37**
其中	人 工 费 （元）		723.83	830.10	849.38	1444.88	2251.50
	材 料 费 （元）		2305.57	2305.57	2305.57	2305.57	2305.57
	机 械 费 （元）		96.45	84.38	96.45	96.45	94.30
名 称	单位	单价(元)	数		量		
人工 综合工日	工日	75.00	9.651	11.068	11.325	19.265	30.020
材料 刚玉砖	t	－	(3.013)	(3.004)	(2.998)	(3.016)	(2.998)
刚玉粉 GB 180－80	kg	15.78	69.000	69.000	69.000	69.000	69.000
刚玉砂 GB 360－80	kg	8.50	120.000	120.000	120.000	120.000	120.000
磷酸 0.85	kg	5.91	20.000	20.000	20.000	20.000	20.000
氢氧化铝 0.38	kg	6.97	3.000	3.000	3.000	3.000	3.000
合金钢切割片（大理石切割片）φ600	片	720.00	0.080	0.080	0.080	0.080	0.080
水	t	4.00	0.010	0.010	0.010	0.010	0.010
机械 灰浆搅拌机 200L	台班	126.18	0.150	0.150	0.150	0.150	0.150
金刚石切砖机 2.2kW	台班	42.90	0.120	0.120	0.120	0.120	0.070
平衡重式叉车 3t	台班	221.23	0.180	0.150	0.180	0.180	0.180
卷扬机带塔 3～5t（H=40m）	台班	180.83	0.180	0.150	0.180	0.180	0.180

十、格子砖

定 额 编 号			9-2-129	9-2-130	9-2-131	9-2-132	9-2-133
项 目			换热室		蓄热室		
			水玻璃泥浆	高强泥浆	板、浪型	多孔形同砌	多孔形错砌
基 价 (元)			**540.29**	**859.60**	**116.60**	**122.82**	**148.32**
其中	人 工 费 (元)		442.95	511.28	92.48	98.70	124.20
	材 料 费 (元)		60.60	311.58	—	—	—
	机 械 费 (元)		36.74	36.74	24.12	24.12	24.12
名 称	单位	单价(元)	数			量	
人工 综合工日	工日	75.00	5.906	6.817	1.233	1.316	1.656
材料 黏土质耐火砖 N-2a	t	—	—	(1.040)	(1.040)	—	—
格子砖	t	—	—	—	(1.025)	(1.030)	(1.030)
黏土熟料粉	kg	0.46	87.000	—	—	—	—
铁矾土	kg	0.44	9.000	—	—	—	—
水玻璃	kg	1.10	15.000	—	—	—	—
高强泥浆	kg	1.95	—	100.000	—	—	—
添加剂	kg	11.65	—	10.000	—	—	—
水	t	4.00	0.030	0.020	—	—	—
机械 灰浆搅拌机 200L	台班	126.18	0.100	0.100	—	—	—
平衡重式叉车 3t	台班	221.23	0.060	0.060	0.060	0.060	0.060
卷扬机带塔 3~5t(H=40m)	台班	180.83	0.060	0.060	0.060	0.060	0.060

十一、15m³以下炉窑

单位:m³

定 额 编 号			9-2-134	9-2-135	9-2-136	9-2-137	9-2-138	9-2-139
项 目			红砖	硅藻土	黏土质	高铝质	黏土质耐火砖	
				隔热砖	隔热耐火砖		普通泥浆	高强泥浆
基 价 (元)			**558.43**	**594.12**	**902.18**	**1160.93**	**1020.64**	**1606.97**
其中	人 工 费 (元)		438.00	311.25	576.00	612.00	710.25	869.25
	材 料 费 (元)		41.70	222.24	188.34	419.94	186.08	630.40
	机 械 费 (元)		78.73	60.63	137.84	128.99	124.31	107.32
名 称	单位	单价(元)	数			量		
人工 综合工日	工日	75.00	5.840	4.150	7.680	8.160	9.470	11.590
材料 红砖 100 号	块	–	(583.000)	–	–	–	–	–
硅藻土隔热砖 GG-0.7	t	–	–	(0.651)	–	–	–	–
黏土质隔热耐火砖 NG-1.3a	t	–	–	–	(1.318)	–	–	–
高铝质隔热耐火砖 LG-1.0	t	–	–	–	–	(1.012)	–	–
黏土质耐火砖 N-2a	t	–	–	–	–	–	(2.178)	(2.178)
水泥砂浆 M5	m³	137.68	0.300	–	–	–	–	–
黏土质耐火泥浆 NN-42	kg	1.11	–	200.000	160.000	–	160.000	

定 额 编 号			9-2-134	9-2-135	9-2-136	9-2-137	9-2-138	9-2-139
项 目			红砖	硅藻土	黏土质	高铝质	黏土质耐火砖	
				隔热砖	隔热耐火砖		普通泥浆	高强泥浆
材料	高铝质火泥 LF-70 细粒	kg	1.86	–	–	–	220.000	–	–
	高强泥浆	kg	1.95	–	–	–	–	–	200.000
	添加剂	kg	11.65	–	–	–	–	–	20.000
	碳化硅砂轮片 KVP300mm×25mm×32mm	个	148.09	–	–	0.007	0.007	0.007	–
	碳化硅砂轮片 φ400×25×(3~4)	片	29.56	–	–	0.320	0.320	–	–
	合金钢切割片(大理石切割片)φ600	片	720.00	–	–	–	–	0.010	0.010
	水	t	4.00	0.100	0.060	0.060	0.060	0.060	0.050
机械	灰浆搅拌机 200L	台班	126.18	0.200	0.200	0.200	0.200	0.180	0.200
	磨砖机 4kW	台班	213.88	–	–	0.070	0.070	0.070	–
	切砖机 5.5kW	台班	209.48	–	–	0.160	0.160	–	–
	金刚石切砖机 2.2kW	台班	42.90	–	–	–	–	0.160	0.160
	离心通风机 335~1300m³/min	台班	96.53	–	–	0.160	0.160	0.070	–
	筛砂机	台班	37.08	0.130	–	–	–	–	–
	平衡重式叉车 3t	台班	221.23	0.220	0.160	0.220	0.180	0.330	0.340

定　额　编　号				9-2-140	9-2-141	9-2-142	9-2-143	9-2-144
项　　　　　目				高铝砖		硅砖	镁质砖	
				普通泥浆	高强泥浆		湿砌	干砌
基　　　价　（元）				**1407.83**	**1850.37**	**928.34**	**1786.03**	**1062.88**
其 中	人　工　费　（元）			891.75	1087.50	750.00	1021.50	760.50
	材　料　费　（元）			376.28	644.80	62.88	580.54	147.74
	机　械　费　（元）			139.80	118.07	115.46	183.99	154.64
名　　　　称	单位	单价（元）		数			量	
人工 综合工日	工日	75.00		11.890	14.500	10.000	13.620	10.140
材 料	高铝砖 LZ-55	t	-		(2.479)	(2.479)	-	-	-
	硅砖 GZ-93	t	-		-	-	(1.925)	-	-
	镁砖 MZ-87	t	-		-	-	-	(2.856)	(2.912)
	高铝质火泥 LF-70 细粒	kg	1.86		190.000	-	-	-	-
	硅质火泥 GF-90 不分粒度	kg	0.34		-	-	160.000	-	-
	镁质火泥 MF-82	kg	1.82		-	-	-	190.000	75.000

单位:m³

定　额　编　号			9-2-140	9-2-141	9-2-142	9-2-143	9-2-144
项　　　目			高铝砖		硅砖	镁质砖	
			普通泥浆	高强泥浆		湿砌	干砌
材 料	卤水块	kg	4.00	–	–	–	56.000	–
	高强泥浆	kg	1.95	–	200.000	–	–	–
	添加剂	kg	11.65	–	20.000	–	–	–
	碳化硅砂轮片 KVP300mm×25mm×32mm	个	148.09	0.007	–	0.007	0.007	0.012
	碳化硅砂轮片 φ400×25×(3~4)	片	29.56	–	–	–	0.320	0.320
	合金钢切割片(大理石切割片) φ600	片	720.00	0.030	0.030	0.010	–	–
	水	t	4.00	0.060	0.050	0.060	0.060	
机 械	灰浆搅拌机 200L	台班	126.18	0.180	0.180	0.180	0.180	
	磨砖机 4kW	台班	213.88	0.070	–	0.070	0.070	0.070
	切砖机 5.5kW	台班	209.48	–	–	–	0.160	0.160
	金刚石切砖机 2.2kW	台班	42.90	0.160	0.160	0.160	–	–
	离心通风机 335~1300m³/min	台班	96.53	0.070	–	0.070	0.160	0.160
	平衡重式叉车 3t	台班	221.23	0.400	0.400	0.290	0.440	0.410

第三章　不定形耐火材料

说　　明

一、本章定额适用于工业炉窑中各种耐火(隔热)浇注料、耐火捣打料、耐火可塑料和耐火喷涂料工程，不适用于工厂预制或永久性生产车间生产的耐火(隔热)浇注料预制块。

二、本章定额的工作内容包括：施工部位的清扫与准备，施工测量放线；现场200m以内水平运输、不定形耐火材料的搅拌与输送，模板制作、安装、拆除，浇注料的浇注与振动、可塑料和捣打料的捣固、喷涂料的喷涂；自然干燥与养护；工作地点的清扫与清废。

三、耐火(隔热)浇注料、耐火可塑料和耐火捣打料工程，施工所耗用的模板已按接触面积综合计算在定额含量内。

四、耐火可塑料定额的材料消耗量中未考虑因设计压缩比要求而增加的材料消耗量，发生时可按实际情况调整。

五、本章定额未考虑炉壳除锈，不定形耐火材料中埋设钢筋，锚固件和铺设铁丝网及可塑料维护修整的工料消耗，发生时执行辅助工程中的相应项目。

六、定额内不包括用蒸汽、煤气、红外线等烘烤养护要求，发生时可按实际情况调整。

七、执行本章定额中密闭式工业炉耐火或隔热浇注料定额项目，必须具备三个基本条件，缺一不可：

1. 必须是不准许开割进料孔的炉壳；

2. 炉壳的内径小于2500mm；

3. 全炉耐火(隔热)浇注料工程量小于30m³。

八、喷涂定额适用于各种工业炉窑、金属烟囱的耐火、耐热、耐磨衬里的机械喷涂工程。定额包括了回弹在内的各种材料损耗。施工中如设计壁厚、材质与定额不符时,允许按相应定额换算。

九、预制块砌筑及安装:

1. 预制块砌筑、安装以单块重量 50kg 为界;50kg 以内为砌筑,大于 50kg 为安装。

2. 预制块砌筑执行相应部位的砌筑定额:

(1) 耐火浇注料预制块砌筑,执行异型黏土质耐火砖 Ⅱ 类砌体;

(2) 隔热耐火浇注料预制块砌筑,执行黏土质隔热耐火砖砌体;

(3) 执行砌筑定额时,应将定额中耐火砖换算为预制块的预算价格,其净用量为 $0.961m^3$,损耗率为 1.5%,定额数量为 $0.975m^3$。

一、现浇耐火浇注料

单位：m³

定 额 编 号			9-3-1	9-3-2	9-3-3	9-3-4	9-3-5	9-3-6
项 目			平、斜底					
			$V > 30m^3$		$V = 5 \sim 30m^3$		$V < 5m^3$	
			$\delta > 100mm$	$\delta < 100mm$	$\delta > 100mm$	$\delta < 100mm$	$\delta > 100mm$	$\delta < 100mm$
基 价 （元）			**554.29**	**753.53**	**622.87**	**822.00**	**765.51**	**1002.35**
其中	人 工 费 （元）		354.68	454.05	412.65	509.25	534.08	663.08
	材 料 费 （元）		90.63	180.34	90.63	180.34	90.63	180.34
	机 械 费 （元）		108.98	119.14	119.59	132.41	140.80	158.93
名 称	单位	单价（元）	数			量		
人工 综合工日	工日	75.00	4.729	6.054	5.502	6.790	7.121	8.841
材料 耐火浇注料	m³	–	(1.050)	(1.050)	(1.050)	(1.050)	(1.050)	(1.050)
一等板方材 综合	m³	2050.00	0.043	0.086	0.043	0.086	0.043	0.086
铁钉	kg	4.86	0.330	0.650	0.330	0.650	0.330	0.650
水	t	4.00	0.220	0.220	0.220	0.220	0.220	0.220
机械 涡浆式混凝土搅拌机 350L	台班	240.95	0.160	0.190	0.200	0.240	0.280	0.340
混凝土振捣器 插入式	台班	12.14	0.320	0.380	0.400	0.480	0.560	0.680
木工圆锯机 $\phi500mm$	台班	27.63	0.080	0.160	0.080	0.160	0.080	0.160
平衡重式叉车 3t	台班	221.23	0.160	0.160	0.160	0.160	0.160	0.160
卷扬机带塔 3~5t（$H=40m$）	台班	180.83	0.160	0.160	0.160	0.160	0.160	0.160

定 额 编 号			9-3-7	9-3-8	9-3-9	9-3-10	9-3-11	9-3-12
项 目			反拱底					
			$V>30m^3$		$V=5\sim30m^3$		$V<5m^3$	
			$\delta>100mm$	$\delta<100mm$	$\delta>100mm$	$\delta<100mm$	$\delta>100mm$	$\delta<100mm$
基 价 （元）			**736.31**	**1016.47**	**817.47**	**1114.62**	**1016.80**	**1353.33**
其中	人 工 费 （元）		474.00	606.53	541.65	688.65	712.05	892.88
	材 料 费 （元）		136.56	270.14	136.56	270.14	136.56	270.14
	机 械 费 （元）		125.75	139.80	139.26	155.83	168.19	190.31
名 称	单位	单价（元）	数			量		
人工 综合工日	工日	75.00	6.320	8.087	7.222	9.182	9.494	11.905
材料 耐火浇注料	m³	—	(1.050)	(1.050)	(1.050)	(1.050)	(1.050)	(1.050)
一等板方材 综合	m³	2050.00	0.065	0.129	0.065	0.129	0.065	0.129
铁钉	kg	4.86	0.500	0.990	0.500	0.990	0.500	0.990
水	t	4.00	0.220	0.220	0.220	0.220	0.220	0.220
机械 涡浆式混凝土搅拌机 350L	台班	240.95	0.220	0.260	0.270	0.320	0.380	0.450
混凝土振捣器 插入式	台班	12.14	0.420	0.510	0.540	0.640	0.740	0.900
木工圆锯机 $\phi500mm$	台班	27.63	0.120	0.240	0.120	0.240	0.120	0.240
平衡重式叉车 3t	台班	221.23	0.160	0.160	0.160	0.160	0.160	0.160
卷扬机带塔 3~5t（$H=40m$）	台班	180.83	0.160	0.160	0.160	0.160	0.160	0.160

定 额 编 号			9-3-13	9-3-14	9-3-15	9-3-16	9-3-17	9-3-18
项　　　　　目			直、斜墙					
			V > 30m³		V = 5 ~ 30m³		V < 5m³	
			δ > 100mm	δ < 100mm	δ > 100mm	δ < 100mm	δ > 100mm	δ < 100mm
基　　　价　　（元）			**1008.55**	**1470.78**	**1113.36**	**1593.40**	**1360.99**	**1892.49**
其中	人　工　费　（元）		605.85	788.70	692.10	890.10	905.25	1146.75
	材　料　费　（元）		260.52	520.17	260.52	520.17	260.52	520.17
	机　械　费　（元）		142.18	161.91	160.74	183.13	195.22	225.57
名　　称	单位	单价（元）	数			量		
人工 综合工日	工日	75.00	8.078	10.516	9.228	11.868	12.070	15.290
材料 耐火浇注料	m³	—	(1.050)	(1.050)	(1.050)	(1.050)	(1.050)	(1.050)
一等板方材 综合	m³	2050.00	0.124	0.248	0.124	0.248	0.124	0.248
铁钉	kg	4.86	1.120	2.240	1.120	2.240	1.120	2.240
水	t	4.00	0.220	0.220	0.220	0.220	0.220	0.220
机械 涡浆式混凝土搅拌机 350L	台班	240.95	0.270	0.320	0.340	0.400	0.470	0.560
混凝土振捣器 插入式	台班	12.14	0.530	0.640	0.670	0.800	0.930	1.120
木工圆锯机 φ500mm	台班	27.63	0.230	0.460	0.230	0.460	0.230	0.460
平衡重式叉车 3t	台班	221.23	0.160	0.160	0.160	0.160	0.160	0.160
卷扬机带塔 3 ~ 5t（H = 40m）	台班	180.83	0.160	0.160	0.160	0.160	0.160	0.160

定 额 编 号			9-3-19	9-3-20	9-3-21	9-3-22	9-3-23	9-3-24
项 目			圆形墙 内径>2m					
			$V>30m^3$		$V=5\sim30m^3$		$V<5m^3$	
			$\delta>100mm$	$\delta<100mm$	$\delta>100mm$	$\delta<100mm$	$\delta>100mm$	$\delta<100mm$
基 价 (元)			**1066.90**	**1500.53**	**1186.18**	**1642.74**	**1474.37**	**1988.41**
其中	人 工 费 (元)		703.13	903.90	803.85	1024.65	1052.25	1322.70
	材 料 费 (元)		214.74	426.56	214.74	426.56	214.74	426.56
	机 械 费 (元)		149.03	170.07	167.59	191.53	207.38	239.15
名 称	单位	单价(元)	数			量		
人工 综合工日	工日	75.00	9.375	12.052	10.718	13.662	14.030	17.636
材料 耐火浇注料	m³	—	(1.050)	(1.050)	(1.050)	(1.050)	(1.050)	(1.050)
一等板方材 综合	m³	2050.00	0.102	0.203	0.102	0.203	0.102	0.203
铁钉	kg	4.86	0.980	1.960	0.980	1.960	0.980	1.960
水	t	4.00	0.220	0.220	0.220	0.220	0.220	0.220
机械 涡浆式混凝土搅拌机 350L	台班	240.95	0.300	0.360	0.370	0.440	0.520	0.620
混凝土振捣器 插入式	台班	12.14	0.590	0.700	0.730	0.880	1.030	1.230
木工圆锯机 $\phi500mm$	台班	27.63	0.190	0.380	0.190	0.380	0.190	0.380
平衡重式叉车 3t	台班	221.23	0.160	0.160	0.160	0.160	0.160	0.160
卷扬机带塔 3~5t($H=40m$)	台班	180.83	0.160	0.160	0.160	0.160	0.160	0.160

定 额 编 号				9-3-25	9-3-26	9-3-27	9-3-28	9-3-29	9-3-30
项 目				圆形墙 内径<2m					
				V>30m³		V=5~30m³		V<5m³	
				δ>100mm	δ<100mm	δ>100mm	δ<100mm	δ>100mm	δ<100mm
基 价 （元）				**1153.28**	**1582.79**	**1294.45**	**1771.59**	**1635.57**	**2180.49**
其中	人 工 费 （元）			776.25	970.13	893.55	1132.28	1189.58	1485.60
	材 料 费 （元）			214.74	426.56	214.74	426.56	214.74	426.56
	机 械 费 （元）			162.29	186.10	186.16	212.75	231.25	268.33
名 称		单位	单价（元）	数			量		
人工	综合工日	工日	75.00	10.350	12.935	11.914	15.097	15.861	19.808
材料	耐火浇注料	m³	—	(1.050)	(1.050)	(1.050)	(1.050)	(1.050)	(1.050)
	一等板方材 综合	m³	2050.00	0.102	0.203	0.102	0.203	0.102	0.203
	铁钉	kg	4.86	0.980	1.960	0.980	1.960	0.980	1.960
	水	t	4.00	0.220	0.220	0.220	0.220	0.220	0.220
机械	涡浆式混凝土搅拌机 350L	台班	240.95	0.350	0.420	0.440	0.520	0.610	0.730
	混凝土振捣器 插入式	台班	12.14	0.690	0.830	0.870	1.040	1.210	1.450
	木工圆锯机 φ500mm	台班	27.63	0.190	0.380	0.190	0.380	0.190	0.380
	平衡重式叉车 3t	台班	221.23	0.160	0.160	0.160	0.160	0.160	0.160
	卷扬机带塔 3~5t(H=40m)	台班	180.83	0.160	0.160	0.160	0.160	0.160	0.160

定　额　编　号			9-3-31	9-3-32	9-3-33	9-3-34	9-3-35	9-3-36
项　　　　　目			平、斜顶					
			$V > 30m^3$		$V = 5 \sim 30m^3$		$V < 5m^3$	
			$\delta > 100mm$	$\delta < 100mm$	$\delta > 100mm$	$\delta < 100mm$	$\delta > 100mm$	$\delta < 100mm$
基　　　　价　（元）			**808.19**	**1178.97**	**891.80**	**1275.16**	**1088.17**	**1555.14**
其中	人　工　费　（元）		471.30	612.75	541.65	695.55	714.15	943.95
	材　料　费　（元）		217.04	435.21	217.04	435.21	217.04	435.21
	机　械　费　（元）		119.85	131.01	133.11	144.40	156.98	175.98
名　　　称	单位	单价（元）	数			量		
人工	综合工日	工日	75.00	6.284	8.170	7.222	9.274	9.522	12.586
材料	耐火浇注料	m³	－	(1.050)	(1.050)	(1.050)	(1.050)	(1.050)	(1.050)
	一等板方材 综合	m³	2050.00	0.104	0.209	0.104	0.209	0.104	0.209
	铁钉	kg	4.86	0.610	1.210	0.610	1.210	0.610	1.210
	水	t	4.00	0.220	0.220	0.220	0.220	0.220	0.220
机械	涡浆式混凝土搅拌机 350L	台班	240.95	0.190	0.230	0.240	0.280	0.330	0.400
	混凝土振捣器 插入式	台班	12.14	0.370	0.450	0.470	0.560	0.650	0.780
	木工圆锯机 φ500mm	台班	27.63	0.190	0.210	0.190	0.210	0.190	0.210
	平衡重式叉车 3t	台班	221.23	0.160	0.160	0.160	0.160	0.160	0.160
	卷扬机带塔 3~5t($H = 40m$)	台班	180.83	0.160	0.160	0.160	0.160	0.160	0.160

定 额 编 号			9-3-37	9-3-38	9-3-39	9-3-40	9-3-41	9-3-42
项 目			弧形顶					
			$V > 30\text{m}^3$		$V = 5 \sim 30\text{m}^3$		$V < 5\text{m}^3$	
			$\delta > 100\text{mm}$	$\delta < 100\text{mm}$	$\delta > 100\text{mm}$	$\delta < 100\text{mm}$	$\delta > 100\text{mm}$	$\delta < 100\text{mm}$
基 价 （元）			**1204.82**	**1772.23**	**1335.21**	**1917.22**	**1632.32**	**2277.44**
其中	人 工 费 （元）		797.63	1084.65	909.45	1208.18	1166.78	1520.78
	材 料 费 （元）		257.06	515.30	257.06	515.30	257.06	515.30
	机 械 费 （元）		150.13	172.28	168.70	193.74	208.48	241.36
名 称	单位	单价（元）	数			量		
人工 综合工日	工日	75.00	10.635	14.462	12.126	16.109	15.557	20.277
材料 耐火浇注料	m³	—	(1.050)	(1.050)	(1.050)	(1.050)	(1.050)	(1.050)
一等板方材 综合	m³	2050.00	0.123	0.247	0.123	0.247	0.123	0.247
铁钉	kg	4.86	0.830	1.660	0.830	1.660	0.830	1.660
水	t	4.00	0.220	0.220	0.220	0.220	0.220	0.220
机械 涡浆式混凝土搅拌机 350L	台班	240.95	0.300	0.360	0.370	0.440	0.520	0.620
混凝土振捣器 插入式	台班	12.14	0.590	0.700	0.730	0.880	1.030	1.230
木工圆锯机 $\phi500\text{mm}$	台班	27.63	0.230	0.460	0.230	0.460	0.230	0.460
平衡重式叉车 3t	台班	221.23	0.160	0.160	0.160	0.160	0.160	0.160
卷扬机带塔 3~5t（$H=40\text{m}$）	台班	180.83	0.160	0.160	0.160	0.160	0.160	0.160

定 额 编 号			9-3-43	9-3-44	9-3-45	9-3-46	9-3-47	9-3-48
项 目			球形顶					
			$V > 30\text{m}^3$		$V = 5 \sim 30\text{m}^3$		$V < 5\text{m}^3$	
			$\delta > 100\text{mm}$	$\delta < 100\text{mm}$	$\delta > 100\text{mm}$	$\delta < 100\text{mm}$	$\delta > 100\text{mm}$	$\delta < 100\text{mm}$
基 价 （元）			**1415.62**	**2120.45**	**1548.66**	**2278.99**	**1872.58**	**2689.92**
其中	人 工 费 （元）		959.78	1344.83	1071.60	1479.38	1353.08	1837.50
	材 料 费 （元）		299.18	593.33	299.18	593.33	299.18	593.33
	机 械 费 （元）		156.66	182.29	177.88	206.28	220.32	259.09
名 称	单位	单价(元)	数			量		
人工 综合工日	工日	75.00	12.797	17.931	14.288	19.725	18.041	24.500
材料 耐火浇注料	m³	—	(1.050)	(1.050)	(1.050)	(1.050)	(1.050)	(1.050)
一等板方材 综合	m³	2050.00	0.143	0.284	0.143	0.284	0.143	0.284
铁钉	kg	4.86	1.060	2.110	1.060	2.110	1.060	2.110
水	t	4.00	0.220	0.220	0.220	0.220	0.220	0.220
机械 涡浆式混凝土搅拌机 350L	台班	240.95	0.320	0.390	0.400	0.480	0.560	0.680
混凝土振捣器 插入式	台班	12.14	0.640	0.770	0.800	0.960	1.120	1.340
木工圆锯机 $\phi500\text{mm}$	台班	27.63	0.270	0.530	0.270	0.530	0.270	0.530
平衡重式叉车 3t	台班	221.23	0.160	0.160	0.160	0.160	0.160	0.160
卷扬机带塔 $3 \sim 5\text{t}(H = 40\text{m})$	台班	180.83	0.160	0.160	0.160	0.160	0.160	0.160

定　额　编　号			9-3-49	9-3-50	9-3-51	9-3-52	9-3-53	9-3-54	9-3-55
项　　　　　目			镁铬质耐火浇注料				刚玉质耐火浇注料		
			炉底	直、斜墙	圆形墙	炉顶	直、斜墙	圆形墙	炉顶
基　　价　（元）			**1011.78**	**1138.48**	**1449.47**	**1449.47**	**2028.46**	**2287.30**	**2517.68**
其中	人　工　费（元）		703.13	790.05	1061.25	1061.25	1357.95	1633.95	1798.13
	材　料　费（元）		133.58	133.58	133.58	133.58	389.46	320.79	385.33
	机　械　费（元）		175.07	214.85	254.64	254.64	281.05	332.56	334.22
名　　　　称	单位	单价（元）	数			量			
人工	综合工日	工日	75.00	9.375	10.534	14.150	14.150	18.106	21.786	23.975
材料	镁铬质耐火浇注料	m³	－	（1.050）	（1.050）	（1.050）	（1.050）	－	－	－
	刚玉质耐火浇注料	m³	－	－	－	－	－	（1.050）	（1.050）	（1.050）
	一等板方材 综合	m³	2050.00	0.064	0.064	0.064	0.064	0.186	0.153	0.185
	铁钉	kg	4.86	0.490	0.490	0.490	0.490	1.680	1.470	1.250
机械	涡浆式混凝土搅拌机 350L	台班	240.95	0.360	0.510	0.660	0.660	0.720	0.920	0.920
	混凝土振捣器 插入式	台班	12.14	0.710	1.010	1.310	1.310	1.440	1.850	1.850
	木工圆锯机 φ500mm	台班	27.63	0.120	0.120	0.120	0.120	0.350	0.290	0.350
	平衡重式叉车 3t	台班	221.23	0.190	0.190	0.190	0.190	0.200	0.200	0.200
	卷扬机带塔 3～5t（H＝40m）	台班	180.83	0.190	0.190	0.190	0.190	0.200	0.200	0.200

定 额 编 号			9-3-56	9-3-57	9-3-58	9-3-59	9-3-60	9-3-61
项 目			莫来石质耐火浇注料			钢纤维耐火浇注料		
			直、斜墙	圆形墙	炉顶	直、斜墙	圆形墙	炉顶
基 价 （元）			**1760.97**	**1944.83**	**2175.28**	**1744.56**	**1949.45**	**2151.42**
其中	人 工 费 （元）		1115.70	1322.03	1486.28	1124.55	1353.08	1489.13
	材 料 费 （元）		389.46	320.79	385.33	389.46	320.79	385.33
	机 械 费 （元）		255.81	302.01	303.67	230.55	275.58	276.96
名 称	单位	单价(元)	数		量			
人工 综合工日	工日	75.00	14.876	17.627	19.817	14.994	18.041	19.855
材料 莫来石质耐火浇注料	m³	–	(1.050)	(1.050)	(1.050)	–	–	–
高强钢纤维浇注料	m³	–	–	–	–	(1.050)	(1.050)	(1.050)
一等板方材 综合	m³	2050.00	0.186	0.153	0.185	0.186	0.153	0.185
铁钉	kg	4.86	1.680	1.470	1.250	1.680	1.470	1.250
机械 涡浆式混凝土搅拌机 350L	台班	240.95	0.640	0.820	0.820	0.596	0.762	0.762
混凝土振捣器 插入式	台班	12.14	1.280	1.650	1.650	1.193	1.532	1.532
木工圆锯机 φ500mm	台班	27.63	0.350	0.290	0.350	0.207	0.240	0.290
平衡重式叉车 3t	台班	221.23	0.190	0.190	0.190	0.166	0.166	0.166
卷扬机带塔 3~5t(H=40m)	台班	180.83	0.190	0.190	0.190	0.166	0.166	0.166

二、现浇隔热耐火浇注料

单位·m³

定　额　编　号			9-3-62	9-3-63	9-3-64	9-3-65	9-3-66	9-3-67
项　　　　　　目			平、斜底					
			$V > 30m^3$		$V = 5 \sim 30m^3$		$V < 5m^3$	
			$\delta > 100mm$	$\delta < 100mm$	$\delta > 100mm$	$\delta < 100mm$	$\delta > 100mm$	$\delta < 100mm$
基　　价　（元）			**529.69**	**734.77**	**591.61**	**812.67**	**746.08**	**998.14**
其中	人　工　费　（元）		362.93	470.55	416.78	535.43	552.68	699.68
	材　料　费　（元）		91.35	181.06	91.35	181.06	91.35	181.06
	机　械　费　（元）		75.41	83.16	83.48	96.18	102.05	117.40
名　　　称	单位	单价（元）	数			量		
人工 综合工日	工日	75.00	4.839	6.274	5.557	7.139	7.369	9.329
材料 隔热耐火浇注料	m³	－	(1.050)	(1.050)	(1.050)	(1.050)	(1.050)	(1.050)
一等板方材 综合	m³	2050.00	0.043	0.086	0.043	0.086	0.043	0.086
铁钉	kg	4.86	0.330	0.650	0.330	0.650	0.330	0.650
水	t	4.00	0.400	0.400	0.400	0.400	0.400	0.400
机械 涡浆式混凝土搅拌机 350L	台班	240.95	0.140	0.160	0.170	0.210	0.240	0.290
混凝土振捣器 插入式	台班	12.14	0.270	0.330	0.340	0.410	0.480	0.570
木工圆锯机 $\phi500mm$	台班	27.63	0.080	0.160	0.080	0.160	0.080	0.160
平衡重式叉车 3t	台班	221.23	0.090	0.090	0.090	0.090	0.090	0.090
卷扬机带塔 $3 \sim 5t(H=40m)$	台班	180.83	0.090	0.090	0.090	0.090	0.090	0.090

定　额　编　号			9-3-68	9-3-69	9-3-70	9-3-71	9-3-72	9-3-73
项　　　　　目			反拱底					
			$V > 30\mathrm{m}^3$		$V = 5 \sim 30\mathrm{m}^3$		$V < 5\mathrm{m}^3$	
			$\delta > 100\mathrm{mm}$	$\delta < 100\mathrm{mm}$	$\delta > 100\mathrm{mm}$	$\delta < 100\mathrm{mm}$	$\delta > 100\mathrm{mm}$	$\delta < 100\mathrm{mm}$
基　　　　价　（元）			**722.39**	**1022.73**	**806.92**	**1126.79**	**1012.29**	**1384.14**
其中	人　工　费　（元）		492.68	647.93	566.48	736.20	747.98	954.98
	材　料　费　（元）		137.28	270.86	137.28	270.86	137.28	270.86
	机　械　费　（元）		92.43	103.94	103.16	119.73	127.03	158.30
名　　　　称	单位	单价（元）	数			量		
人工	综合工日	工日	75.00	6.569	8.639	7.553	9.816	9.973	12.733
材料	隔热耐火浇注料	m³	－	(1.050)	(1.050)	(1.050)	(1.050)	(1.050)	(1.050)
	一等板方材 综合	m³	2050.00	0.065	0.129	0.065	0.129	0.065	0.129
	铁钉	kg	4.86	0.500	0.990	0.500	0.990	0.500	0.990
	水	t	4.00	0.400	0.400	0.400	0.400	0.400	0.400
机械	涡浆式混凝土搅拌机 350L	台班	240.95	0.200	0.230	0.240	0.290	0.330	0.440
	混凝土振捣器 插入式	台班	12.14	0.390	0.470	0.480	0.580	0.660	0.780
	木工圆锯机 φ500mm	台班	27.63	0.120	0.240	0.120	0.240	0.120	0.240
	平衡重式叉车 3t	台班	221.23	0.090	0.090	0.090	0.090	0.090	0.090
	卷扬机带塔 3~5t(H=40m)	台班	180.83	0.090	0.090	0.090	0.090	0.090	0.090

定 额 编 号			9-3-74	9-3-75	9-3-76	9-3-77	9-3-78	9-3-79
项 目			直、斜墙					
			$V>30m^3$		$V=5\sim30m^3$		$V<5m^3$	
			$\delta>100mm$	$\delta<100mm$	$\delta>100mm$	$\delta<100mm$	$\delta>100mm$	$\delta<100mm$
基 价 （元）			**940.14**	**1335.09**	**1040.21**	**1528.69**	**1274.35**	**1811.32**
其中	人 工 费 （元）		575.48	699.00	659.63	868.73	864.60	1114.35
	材 料 费 （元）		261.24	520.89	261.24	520.89	261.24	520.89
	机 械 费 （元）		103.42	115.20	119.34	139.07	148.51	176.08
名 称	单位	单价（元）	数			量		
人工 综合工日	工日	75.00	7.673	9.320	8.795	11.583	11.528	14.858
材料 隔热耐火浇注料	m³	—	(1.050)	(1.050)	(1.050)	(1.050)	(1.050)	(1.050)
一等板方材 综合	m³	2050.00	0.124	0.248	0.124	0.248	0.124	0.248
铁钉	kg	4.86	1.120	2.240	1.120	2.240	1.120	2.240
水	t	4.00	0.400	0.400	0.400	0.400	0.400	0.400
机械 涡浆式混凝土搅拌机 350L	台班	240.95	0.230	0.250	0.290	0.340	0.400	0.480
混凝土振捣器 插入式	台班	12.14	0.450	0.500	0.570	0.680	0.790	0.950
木工圆锯机 φ500mm	台班	27.63	0.230	0.460	0.230	0.460	0.230	0.460
平衡重式叉车 3t	台班	221.23	0.090	0.090	0.090	0.090	0.090	0.090
卷扬机带塔 3~5t（$H=40m$）	台班	180.83	0.090	0.090	0.090	0.090	0.090	0.090

定　额　编　号			9-3-80	9-3-81	9-3-82	9-3-83	9-3-84	9-3-85
项　　目			圆形墙 内径 >2m					
			$V>30\text{m}^3$		$V=5\sim30\text{m}^3$		$V<5\text{m}^3$	
			$\delta>100\text{mm}$	$\delta<100\text{mm}$	$\delta>100\text{mm}$	$\delta<100\text{mm}$	$\delta>100\text{mm}$	$\delta<100\text{mm}$
基　　价　（元）			**953.88**	**1384.31**	**1060.85**	**1514.38**	**1320.87**	**1824.70**
其中	人　工　费　（元）		630.68	830.78	721.73	939.75	947.40	1210.28
	材　料　费　（元）		215.46	427.28	215.46	427.28	215.46	427.28
	机　械　费　（元）		107.74	126.25	123.66	147.35	158.01	187.14
名　　称	单位	单价(元)	数			量		
人工 综合工日	工日	75.00	8.409	11.077	9.623	12.530	12.632	16.137
材料 隔热耐火浇注料	m³	－	(1.050)	(1.050)	(1.050)	(1.050)	(1.050)	(1.050)
一等板方材 综合	m³	2050.00	0.102	0.203	0.102	0.203	0.102	0.203
铁钉	kg	4.86	0.980	1.960	0.980	1.960	0.980	1.960
水	t	4.00	0.400	0.400	0.400	0.400	0.400	0.400
机械 涡浆式混凝土搅拌机 350L	台班	240.95	0.250	0.300	0.310	0.380	0.440	0.530
混凝土振捣器 插入式	台班	12.14	0.500	0.600	0.620	0.750	0.870	1.050
木工圆锯机 φ500mm	台班	27.63	0.190	0.380	0.190	0.380	0.190	0.380
平衡重式叉车 3t	台班	221.23	0.090	0.090	0.090	0.090	0.090	0.090
卷扬机带塔 3~5t($H=40\text{m}$)	台班	180.83	0.090	0.090	0.090	0.090	0.090	0.090

定　额　编　号			9-3-86	9-3-87	9-3-88	9-3-89	9-3-90	9-3-91
项　　　　目			圆形墙 内径<2m					
			V>30m³		V=5~30m³		V<5m³	
			δ>100mm	δ<100mm	δ>100mm	δ<100mm	δ>100mm	δ<100mm
基　　价　（元）			**1033.92**	**1478.78**	**1158.21**	**1630.18**	**1462.84**	**1994.94**
其中	人　工　费　（元）		697.58	909.45	803.18	1037.10	1068.15	1356.53
	材　料　费　（元）		215.46	427.28	215.46	427.28	215.46	427.28
	机　械　费　（元）		120.88	142.05	139.57	165.80	179.23	211.13
名　　称	单位	单价（元）	数			量		
人工	综合工日	工日	75.00	9.301	12.126	10.709	13.828	14.242	18.087
材料	隔热耐火浇注料	m³·	－	(1.050)	(1.050)	(1.050)	(1.050)	(1.050)	(1.050)
	一等板方材 综合	m³	2050.00	0.102	0.203	0.102	0.203	0.102	0.203
	铁钉	kg	4.86	0.980	1.960	0.980	1.960	0.980	1.960
	水	t	4.00	0.400	0.400	0.400	0.400	0.400	0.400
机械	涡浆式混凝土搅拌机 350L	台班	240.95	0.300	0.360	0.370	0.450	0.520	0.620
	混凝土振捣器 插入式	台班	12.14	0.590	0.710	0.740	0.880	1.030	1.240
	木工圆锯机 φ500mm	台班	27.63	0.190	0.380	0.190	0.380	0.190	0.380
	平衡重式叉车 3t	台班	221.23	0.090	0.090	0.090	0.090	0.090	0.090
	卷扬机带塔 3~5t(H=40m)	台班	180.83	0.090	0.090	0.090	0.090	0.090	0.090

单位:m³

定 额 编 号				9-3-92	9-3-93	9-3-94	9-3-95	9-3-96	9-3-97
项 目				平、斜顶					
				$V>30m^3$		$V=5\sim30m^3$		$V<5m^3$	
				$\delta>100mm$	$\delta<100mm$	$\delta>100mm$	$\delta<100mm$	$\delta>100mm$	$\delta<100mm$
基 价 (元)				**742.56**	**1112.04**	**812.49**	**1192.95**	**992.41**	**1358.70**
其中	人 工 费 (元)			440.93	583.73	500.25	651.38	658.95	790.73
	材 料 费 (元)			217.76	435.93	217.76	435.93	217.76	435.93
	机 械 费 (元)			83.87	92.38	94.48	105.64	115.70	132.04
名 称		单位	单价(元)	数			量		
人工	综合工日	工日	75.00	5.879	7.783	6.670	8.685	8.786	10.543
材料	隔热耐火浇注料	m³	—	(1.050)	(1.050)	(1.050)	(1.050)	(1.050)	(1.050)
	一等板方材 综合	m³	2050.00	0.104	0.209	0.104	0.209	0.104	0.209
	铁钉	kg	4.86	0.610	1.210	0.610	1.210	0.610	1.210
	水	t	4.00	0.400	0.400	0.400	0.400	0.400	0.400
机械	涡浆式混凝土搅拌机 350L	台班	240.95	0.160	0.190	0.200	0.240	0.280	0.340
	混凝土振捣器 插入式	台班	12.14	0.320	0.380	0.400	0.480	0.560	0.670
	木工圆锯机 $\phi500mm$	台班	27.63	0.190	0.210	0.190	0.210	0.190	0.210
	平衡重式叉车 3t	台班	221.23	0.090	0.090	0.090	0.090	0.090	0.090
	卷扬机带塔 3~5t($H=40m$)	台班	180.83	0.090	0.090	0.090	0.090	0.090	0.090

定 额 编 号				9-3-98	9-3-99	9-3-100	9-3-101	9-3-102	9-3-103
项 目				弧形顶					
				$V > 30m^3$		$V = 5 \sim 30m^3$		$V < 5m^3$	
				$\delta > 100mm$	$\delta < 100mm$	$\delta > 100mm$	$\delta < 100mm$	$\delta > 100mm$	$\delta < 100mm$
基 价 (元)				**1110.48**	**1674.68**	**1220.22**	**1808.88**	**1490.53**	**2132.32**
其中	人 工 费 (元)			743.85	1030.20	837.68	1143.30	1073.63	1426.95
	材 料 费 (元)			257.78	516.02	257.78	516.02	257.78	516.02
	机 械 费 (元)			108.85	128.46	124.76	149.56	159.12	189.35
名 称		单位	单价(元)	数			量		
人工	综合工日	工日	75.00	9.918	13.736	11.169	15.244	14.315	19.026
材料	隔热耐火浇注料	m³	—	(1.050)	(1.050)	(1.050)	(1.050)	(1.050)	(1.050)
	一等板方材 综合	m³	2050.00	0.123	0.247	0.123	0.247	0.123	0.247
	铁钉	kg	4.86	0.830	1.660	0.830	1.660	0.830	1.660
	水	t	4.00	0.400	0.400	0.400	0.400	0.400	0.400
机械	涡浆式混凝土搅拌机 350L	台班	240.95	0.250	0.300	0.310	0.380	0.440	0.530
	混凝土振捣器 插入式	台班	12.14	0.500	0.600	0.620	0.750	0.870	1.050
	木工圆锯机 $\phi500mm$	台班	27.63	0.230	0.460	0.230	0.460	0.230	0.460
	平衡重式叉车 3t	台班	221.23	0.090	0.090	0.090	0.090	0.090	0.090
	卷扬机带塔 3~5t($H = 40m$)	台班	180.83	0.090	0.090	0.090	0.090	0.090	0.090

定 额 编 号			9-3-104	9-3-105	9-3-106	9-3-107	9-3-108	9-3-109
项 目			球形顶					
			$V>30\text{m}^3$		$V=5\sim30\text{m}^3$		$V<5\text{m}^3$	
			$\delta>100\text{mm}$	$\delta<100\text{mm}$	$\delta>100\text{mm}$	$\delta<100\text{mm}$	$\delta>100\text{mm}$	$\delta<100\text{mm}$
基 价 (元)			**1359.79**	**2075.01**	**1480.42**	**2218.40**	**1772.06**	**2569.67**
其中	人 工 费 (元)		944.63	1342.73	1046.70	1464.90	1301.33	1771.20
	材 料 费 (元)		299.90	594.05	299.90	594.05	299.90	594.05
	机 械 费 (元)		115.26	138.23	133.82	159.45	170.83	204.42
名 称	单位	单价(元)	数		量			
人工 综合工日	工日	75.00	12.595	17.903	13.956	19.532	17.351	23.616
材料 隔热耐火浇注料	m³	—	(1.050)	(1.050)	(1.050)	(1.050)	(1.050)	(1.050)
一等板方材 综合	m³	2050.00	0.143	0.284	0.143	0.284	0.143	0.284
铁钉	kg	4.86	1.060	2.110	1.060	2.110	1.060	2.110
水	t	4.00	0.400	0.400	0.400	0.400	0.400	0.400
机械 涡浆式混凝土搅拌机 350L	台班	240.95	0.270	0.330	0.340	0.410	0.480	0.580
混凝土振捣器 插入式	台班	12.14	0.540	0.650	0.680	0.810	0.950	1.140
木工圆锯机 $\phi500\text{mm}$	台班	27.63	0.270	0.530	0.270	0.530	0.270	0.530
平衡重式叉车 3t	台班	221.23	0.090	0.090	0.090	0.090	0.090	0.090
卷扬机带塔 3~5t($H=40\text{m}$)	台班	180.83	0.090	0.090	0.090	0.090	0.090	0.090

三、密闭式炉壳耐火(隔热)浇注料

单位：m³

定 额 编 号			9-3-110	9-3-111	9-3-112	9-3-113
项 目			隔热耐火浇注料		耐火浇注料	
			$\delta > 100mm$	$\delta < 100mm$	$\delta > 100mm$	$\delta < 100mm$
基 价 （元）			**1615.82**	**2198.84**	**1874.50**	**2496.85**
其中	人 工 费 （元）		1179.23	1509.75	1380.00	1742.25
	材 料 费 （元）		215.46	427.28	214.86	426.68
	机 械 费 （元）		221.13	261.81	279.64	327.92
名 称	单位	单价（元）	数		量	
人工 综合工日	工日	75.00	15.723	20.130	18.400	23.230
材料 隔热耐火浇注料	m³	—	(1.050)	(1.050)	—	—
耐火浇注料	m³	—	—	—	(1.050)	(1.050)
一等板方材 综合	m³	2050.00	0.102	0.203	0.102	0.203
铁钉	kg	4.86	0.980	1.960	0.980	1.960
水	t	4.00	0.400	0.400	0.250	0.250
机械 涡浆式混凝土搅拌机 350L	台班	240.95	0.710	0.850	0.830	1.000
混凝土振捣器 插入式	台班	12.14	0.710	0.850	0.830	1.000
木工圆锯机 $\phi500mm$	台班	27.63	0.190	0.380	0.190	0.380
平衡重式叉车 3t	台班	221.23	0.090	0.090	0.160	0.160
卷扬机带塔 3~5t($H=40m$)	台班	180.83	0.090	0.090	0.160	0.160

四、耐火捣打料

单位:m³

定 额 编 号			9-3-114	9-3-115	9-3-116	9-3-117
项 目			炭素捣打料		镁铬质捣打料	白云石质捣打料
			热打	冷打		
基 价 (元)			**2439.17**	**1935.63**	**1767.15**	**2035.60**
其中	人 工 费 (元)		1048.80	861.83	865.95	1039.80
	材 料 费 (元)		137.82	137.82	137.82	137.82
	机 械 费 (元)		1252.55	935.98	763.38	857.98
名 称	单位	单价(元)	数		量	
人工 综合工日	工日	75.00	13.984	11.491	11.546	13.864
材料 炭素捣打料	m³	–	(1.060)	(1.080)	–	–
镁铬质捣打料	m³	–	–	–	(1.080)	–
白云石质捣打料	m³	–	–	–	–	(1.080)
二等板方材 综合	m³	1800.00	0.075	0.075	0.075	0.075
铁钉	kg	4.86	0.580	0.580	0.580	0.580
机械 电动空气压缩机 10m³/min	台班	519.44	0.980	0.740	0.980	0.980
风动凿岩机 手持式	台班	158.18	2.800	1.900	–	–
离心通风机 335~1300m³/min	台班	96.53	0.980	0.740	–	0.980
箱式加热炉 RJX-45-9	台班	146.83	0.460	0.460	0.460	0.460
颚式破碎机 250mm×400mm	台班	376.60	0.230	–	–	–
涡浆式混凝土搅拌机 350L	台班	240.95	--	0.250	0.250	0.250
混凝土振捣器 平板式 BL11	台班	13.76	–	–	2.800	2.800
木工圆锯机 φ500mm	台班	27.63	0.130	0.130	0.130	0.130
平衡重式叉车 3t	台班	221.23	0.120	0.120	0.210	0.210
卷扬机带塔 3~5t(H=40m)	台班	180.83	0.120	0.120	0.210	0.210

定　额　编　号			9-3-118	9-3-119	9-3-120	9-3-121	9-3-122
项　　　　　目			黏土质	高铝质	莫来石质	刚玉质	碳化硅质
			耐火捣打料				
基　　　价　（元）			**1822.08**	**1936.11**	**2237.34**	**2426.70**	**2305.77**
其中	人　工　费　（元）		917.70	1021.88	1313.10	1496.63	1385.55
	材　料　费　（元）		138.06	138.06	137.82	137.82	137.82
	机　械　费　（元）		766.32	776.17	786.42	792.25	782.40
名　　称	单位	单价（元）	数		量		
人工 综合工日	工日	75.00	12.236	13.625	17.508	19.955	18.474
材料 黏土质耐火捣打料	m³	–	(1.080)	–	–	–	–
高铝质耐火捣打料	m³	–	–	(1.080)	–	–	–
莫来石质耐火捣打料	m³	–	–	–	(1.080)	–	–
刚玉质耐火捣打料	m³	–	–	–	–	(1.080)	–
碳化硅质耐火捣打料	m³	–	–	–	–	–	(1.080)
二等板方材 综合	m³	1800.00	0.075	0.075	0.075	0.075	0.075
铁钉	kg	4.86	0.580	0.580	0.580	0.580	0.580
水	t	4.00	0.060	0.060	–	–	–
机 电动空气压缩机 10m³/min	台班	519.44	0.980	0.980	0.980	0.980	0.980
离心通风机 335~1300m³/min	台班	96.53	0.980	0.980	0.980	0.980	0.980
涡浆式混凝土搅拌机 350L	台班	240.95	0.250	0.250	0.250	0.250	0.250
混凝土振捣器 平板式 BL11	台班	13.76	2.800	2.800	2.800	2.800	2.800
木工圆锯机 φ500mm	台班	27.63	0.130	0.130	0.130	0.130	0.130
平衡重式叉车 3t	台班	221.23	0.150	0.170	0.200	0.210	0.190
械 卷扬机带塔 3~5t（$H=40m$）	台班	180.83	0.150	0.180	0.200	0.220	0.190

五、耐火可塑料

单位:m³

定 额 编 号			9-3-123	9-3-124	9-3-125	9-3-126
项 目			捣打耐火可塑料			
			底、直、斜墙	弧形墙	平、斜顶	弧形顶
基 价 （元）			**2284.29**	**2875.04**	**2698.47**	**3224.86**
其中	人 工 费 （元）		1275.83	1663.58	1537.35	1920.98
	材 料 费 （元）		425.67	471.98	475.85	515.87
	机 械 费 （元）		582.79	739.48	685.27	788.01
名 称	单位	单价（元）	数 量			
人工 综合工日	工日	75.00	17.011	22.181	20.498	25.613
材料 耐火可塑料	m³	–	(1.080)	(1.080)	(1.080)	(1.080)
塑料平板 PVC	m²	11.79	–	–	1.800	1.800
塑料浪板 PVC	m²	24.78	1.320	1.320	–	–
高压风管 φ13	m	38.40	5.870	5.870	6.210	6.210
一等板方材 综合	m³	2050.00	0.080	0.102	0.104	0.123
铁钉	kg	4.86	0.730	0.980	0.610	0.830
机械 电动空气压缩机 10m³/min	台班	519.44	0.750	0.980	0.900	1.050
风动凿岩机 手持式	台班	158.18	0.750	0.980	0.900	1.050
木工圆锯机 φ500mm	台班	27.63	0.160	0.190	0.190	0.230
平衡重式叉车 3t	台班	221.23	0.170	0.170	0.170	0.170
卷扬机带塔 3～5t(H=40m)	台班	180.83	0.180	0.180	0.180	0.180

六、轻质耐火喷涂料

定 额 编 号			9-3-127	9-3-128	9-3-129	9-3-130	9-3-131	9-3-132
项　　　　　目			立式圆(弧)形墙,直、斜墙					
			喷涂厚度(mm)					
			40	50	60	80	100	120
基　　价　　(元)			**1417.00**	**2024.10**	**2217.28**	**2788.38**	**3282.78**	**3811.39**
其中	人　工　费　(元)		988.80	1392.45	1458.00	1800.23	2073.45	2346.00
	材　料　费　(元)		84.94	107.22	128.12	171.26	213.06	256.20
	机　械　费　(元)		343.26	524.43	631.16	816.89	996.27	1209.19
名　　　　称	单位	单价(元)	数		量			
人工 综合工日	工日	75.00	13.184	18.566	19.440	24.003	27.646	31.280
材料 轻质耐火喷涂料	m³	－	(0.560)	(0.700)	(0.840)	(1.120)	(1.400)	(1.680)
高压风管 φ50	m	54.42	1.200	1.500	1.800	2.400	3.000	3.600
镀锌管接头(金属软管用) 50	个	10.70	0.200	0.250	0.300	0.400	0.500	0.600
盲板(木板) δ=25	m³	1376.00	0.001	0.002	0.002	0.003	0.003	0.004
冷轧薄钢板 δ=2~2.5	kg	4.90	1.780	2.230	2.670	3.560	4.450	5.340
水	t	4.00	1.850	2.310	2.780	3.700	4.630	5.550
机械 涡浆式混凝土搅拌机 350L	台班	240.95	0.300	0.490	0.590	0.790	0.990	1.180
旋片式喷涂机	台班	18.99	0.300	0.430	0.520	0.650	0.770	0.950
电动空气压缩机 10m³/min	台班	519.44	0.300	0.430	0.520	0.650	0.770	0.950
电动多级离心清水泵 φ50mm 120m 以下	台班	214.67	0.300	0.490	0.590	0.790	0.990	1.180
离心通风机 335~1300m³/min	台班	96.53	0.300	0.430	0.520	0.650	0.770	0.950
平衡重式叉车 3t	台班	221.23	0.040	0.070	0.080	0.110	0.140	0.170
卷扬机带塔 3~5t(H=40m)	台班	180.83	0.040	0.070	0.080	0.110	0.140	0.170

定　额　编　号			9-3-133	9-3-134	9-3-135	9-3-136	9-3-137
项　　　目			立式圆(弧)形墙,直、斜墙			管道及炉顶	
			喷涂厚度(mm)			喷涂厚度50mm	
			150	180	220	管道内径>2m	管道内径<2m
基　　价　　(元)			**4596.29**	**5428.46**	**6502.37**	**2420.06**	**2793.17**
其中	人　工　费　(元)		2780.70	3265.80	3881.93	1667.70	1944.45
	材　料　费　(元)		320.29	385.80	472.12	125.22	125.22
	机　械　费　(元)		1495.30	1776.86	2148.32	627.14	723.50
名　　　称	单位	单价(元)	数			量	
人工 综合工日	工日	75.00	37.076	43.544	51.759	22.236	25.926
材料 轻质耐火喷涂料	m³	-	(2.100)	(2.520)	(3.080)	(0.700)	(0.700)
高压风管 φ50	m	54.42	4.500	5.400	6.600	1.500	1.500
镀锌管接头(金属软管用) 50	个	10.70	0.750	0.900	1.100	0.250	0.250
盲板(木板) δ=25	m³	1376.00	0.005	0.007	0.009	0.004	0.004
冷轧薄钢板 δ=2~2.5	kg	4.90	6.680	8.030	9.810	5.340	5.340
水	t	4.00	6.940	8.330	10.180	2.310	2.310
机械 涡浆式混凝土搅拌机 350L	台班	240.95	1.480	1.770	2.170	0.590	0.690
旋片式喷涂机	台班	18.99	1.160	1.370	1.630	0.520	0.600
电动空气压缩机 10m³/min	台班	519.44	1.160	1.370	1.630	0.520	0.600
电动多级离心清水泵 φ50mm 120m 以下	台班	214.67	1.480	1.770	2.170	0.590	0.690
离心通风机 335~1300m³/min	台班	96.53	1.160	1.370	1.630	0.520	0.600
平衡重式叉车 3t	台班	221.23	0.210	0.250	0.310	0.070	0.070
卷扬机带塔 3~5t(H=40m)	台班	180.83	0.210	0.250	0.310	0.070	0.070

定 额 编 号			9-3-138	9-3-139	9-3-140	9-3-141
项　　　目			管道及炉顶		立式圆形墙外壁	
			喷涂厚度 50mm		喷涂厚度 100mm	
			平、斜顶	球顶及连络管	外径>6m	外径<6m
基　　　价　（元）			**2974.60**	**3569.47**	**1950.77**	**2230.98**
其中	人　工　费　（元）		2071.35	2494.35	1022.55	1193.70
	材　料　费　（元）		125.22	125.22	134.50	134.50
	机　械　费　（元）		778.03	949.90	793.72	902.78
名　　称	单位	单价(元)	数		量	
人工 综合工日	工日	75.00	27.618	33.258	13.634	15.916
材料 轻质耐火喷涂料	m³	—	(0.700)	(0.750)	(1.300)	(1.300)
高压风管 φ50	m	54.42	1.500	1.500	1.500	1.500
镀锌管接头（金属软管用）50	个	10.70	0.250	0.250	0.250	0.250
盲板（木板）δ=25	m³	1376.00	0.004	0.004	0.004	0.004
冷轧薄钢板 δ=2~2.5	kg	4.90	5.340	5.340	5.340	5.340
水	t	4.00	2.310	2.310	4.630	4.630
机械 涡浆式混凝土搅拌机 350L	台班	240.95	0.740	0.950	0.800	0.900
旋片式喷涂机	台班	18.99	0.650	0.770	0.600	0.700
电动空气压缩机 10m³/min	台班	519.44	0.650	0.770	0.600	0.700
电动多级离心清水泵 φ50mm 120m 以下	台班	214.67	0.740	0.950	0.800	0.900
离心通风机 335~1300m³/min	台班	96.53	0.650	0.770	0.600	0.700
平衡重式叉车 3t	台班	221.23	0.070	0.070	0.120	0.120
卷扬机带塔 3~5t(H=40m)	台班	180.83	0.070	0.070	0.120	0.120

七、重质耐火喷涂料

定 额 编 号			9-3-142	9-3-143	9-3-144	9-3-145	9-3-146	9-3-147
项 目			立式圆(弧)形墙,直、斜墙					
			喷涂厚度(mm)					
			40	50	60	80	100	120
基 价 (元)			**1580.52**	**2308.54**	**2649.44**	**3195.06**	**3693.12**	**4157.96**
其中	人 工 费 (元)		1041.23	1510.43	1658.10	1953.38	2172.15	2314.28
	材 料 费 (元)		105.30	132.54	193.21	211.97	264.23	317.27
	机 械 费 (元)		433.99	665.57	798.13	1029.71	1256.74	1526.41
名 称	单位	单价(元)	数			量		
人工 综合工日	工日	75.00	13.883	20.139	22.108	26.045	28.962	30.857
材料 重质耐火喷涂料	m³	—	(0.560)	(0.700)	(0.840)	(1.120)	(1.400)	(1.680)
高压风管 φ50	m	54.42	1.450	1.810	2.810	2.900	3.630	4.350
镀锌管接头(金属软管用) 50	个	10.70	0.831	1.039	1.246	1.662	2.078	2.493
盲板(木板) δ=25	m³	1376.00	0.001	0.002	0.002	0.003	0.003	0.004
冷轧薄钢板 δ=2~2.5	kg	4.90	1.780	2.230	2.670	3.560	4.450	5.340
水	t	4.00	1.850	2.310	2.780	3.700	4.630	5.550
机械 涡浆式混凝土搅拌机 350L	台班	240.95	0.370	0.620	0.740	0.990	1.230	1.480
旋片式喷涂机	台班	18.99	0.380	0.540	0.650	0.810	0.970	1.190
电动空气压缩机 10m³/min	台班	519.44	0.380	0.540	0.650	0.810	0.970	1.190
电动多级离心清水泵 φ50mm 120m 以下	台班	214.67	0.370	0.620	0.740	0.990	1.230	1.480
离心通风机 335~1300m³/min	台班	96.53	0.380	0.540	0.650	0.810	0.970	1.190
平衡重式叉车 3t	台班	221.23	0.060	0.100	0.120	0.160	0.200	0.240
卷扬机带塔 3~5t(H=40m)	台班	180.83	0.060	0.100	0.120	0.160	0.200	0.240

定 额 编 号			9-3-148	9-3-149	9-3-150	9-3-151	9-3-152
项 目			立式圆(弧)形墙,直、斜墙			管道及炉顶	
			喷涂厚度(mm)			喷涂厚度 50mm	
			150	180	220	管道内径>2m	管道内径<2m
基 价 (元)			**4814.08**	**6297.04**	**7515.66**	**2724.95**	**3172.42**
其中	人 工 费 (元)		2526.75	3565.20	4221.45	1784.33	2107.28
	材 料 费 (元)		396.77	477.14	576.88	150.53	150.53
	机 械 费 (元)		1890.56	2254.70	2717.33	790.09	914.61
名 称	单位	单价(元)	数		量		
人工 综合工日	工日	75.00	33.690	47.536	56.286	23.791	28.097
材料 重质耐火喷涂料	m³	—	(2.100)	(2.520)	(3.080)	(0.700)	(0.700)
高压风管 φ50	m	54.42	5.440	6.520	7.960	1.810	1.810
镀锌管接头(金属软管用) 50	个	10.70	3.117	3.740	3.974	1.039	1.039
盲板(木板) δ=25	m³	1376.00	0.005	0.007	0.009	0.004	0.004
冷轧薄钢板 δ=2~2.5	kg	4.90	6.680	8.030	9.810	5.340	5.340
水	t	4.00	6.940	8.330	10.180	2.310	2.310
机械 涡浆式混凝土搅拌机 350L	台班	240.95	1.850	2.220	2.710	0.740	0.860
旋片式喷涂机	台班	18.99	1.460	1.730	2.050	0.650	0.760
电动空气压缩机 10m³/min	台班	519.44	1.460	1.730	2.050	0.650	0.760
电动多级离心清水泵 φ50mm 120m 以下	台班	214.67	1.850	2.220	2.710	0.740	0.860
离心通风机 335~1300m³/min	台班	96.53	1.460	1.730	2.050	0.650	0.760
平衡重式叉车 3t	台班	221.23	0.300	0.360	0.450	0.100	0.100
卷扬机带塔 3~5t(H=40m)	台班	180.83	0.300	0.360	0.450	0.100	0.100

単位:10m²

定 额 编 号				9-3-153	9-3-154	9-3-155	9-3-156
项 目				管道及炉顶		立式圆形墙外壁	
				喷涂厚度 50mm		喷涂厚度 100mm	
				平、斜顶	球顶及连络管	外径>6m	外径<6m
基 价 （元）				**3372.63**	**4054.89**	**2411.58**	**2798.04**
其中	人 工 费 （元）			2243.85	2702.03	1193.03	1447.65
	材 料 费 （元）			150.53	150.53	159.81	159.81
	机 械 费 （元）			978.25	1202.33	1058.74	1190.58
名 称		单位	单价(元)	数		量	
人工	综合工日	工日	75.00	29.918	36.027	15.907	19.302
材料	重质耐火喷涂料	m³	—	(0.700)	(0.750)	(1.300)	(1.300)
	高压风管 φ50	m	54.42	1.810	1.810	1.810	1.810
	镀锌管接头(金属软管用) 50	个	10.70	1.039	1.039	1.039	1.039
	盲板(木板) δ=25	m³	1376.00	0.004	0.004	0.004	0.004
	冷轧薄钢板 δ=2~2.5	kg	4.90	5.340	5.340	5.340	5.340
	水	t	4.00	2.310	2.310	4.630	4.630
机械	涡浆式混凝土搅拌机 350L	台班	240.95	0.930	1.190	1.050	1.200
	旋片式喷涂机	台班	18.99	0.810	0.970	0.800	0.900
	电动空气压缩机 10m³/min	台班	519.44	0.810	0.970	0.800	0.900
	电动多级离心清水泵 φ50mm 120m 以下	台班	214.67	0.930	1.190	1.050	1.200
	离心通风机 335~1300m³/min	台班	96.53	0.810	0.970	0.800	0.900
	平衡重式叉车 3t	台班	221.23	0.100	0.110	0.180	0.180
	卷扬机带塔 3~5t(H=40m)	台班	180.83	0.100	0.110	0.180	0.180

八、耐酸耐火喷涂料

定 额 编 号			9-3-157	9-3-158	9-3-159	9-3-160
项 目			立式圆(弧)形墙,直、斜墙			
			喷涂厚度(mm)			
			50	60	80	100
基 价 (元)			**2417.75**	**2729.97**	**3350.08**	**3866.93**
其中	人 工 费 (元)		1579.43	1733.25	2043.08	2270.10
	材 料 费 (元)		131.99	157.83	215.25	262.60
	机 械 费 (元)		706.33	838.89	1091.75	1334.23
名 称	单位	单价(元)	数		量	
人工 综合工日	工日	75.00	21.059	23.110	27.241	30.268
材料 耐酸耐火喷涂料	m³	—	(0.700)	(0.840)	(1.126)	(1.400)
高压风管 φ50	m	54.42	1.800	2.160	2.880	3.600
镀锌管接头(金属软管用) 50	个	10.70	1.039	1.246	1.662	2.078
盲板(木板)δ=25	m³	1376.00	0.002	0.002	0.003	0.003
冷轧薄钢板 δ=2~2.5	kg	4.90	2.230	2.670	4.450	4.450
水	t	4.00	2.310	2.780	3.700	4.630
机械 涡浆式混凝土搅拌机 350L	台班	240.95	0.650	0.770	1.030	1.290
旋片式喷涂机	台班	18.99	0.570	0.680	0.860	1.030
电动空气压缩机 10m³/min	台班	519.44	0.570	0.680	0.860	1.030
电动多级离心清水泵 φ50mm 120m 以下	台班	214.67	0.650	0.770	1.030	1.290
离心通风机 335~1300m³/min	台班	96.53	0.570	0.680	0.860	1.030
平衡重式叉车 3t	台班	221.23	0.120	0.140	0.190	0.230
卷扬机带塔 3~5t(H=40m)	台班	180.83	0.120	0.140	0.190	0.230

定　额　编　号				9-3-161	9-3-162	9-3-163
项　　　　目				管道及炉顶		
				喷涂厚度 50mm		
				管道内径 >2m	管道内径 <2m	球顶及连络管
基　　价　（元）				**2874.21**	**3328.81**	**3707.26**
其中	人　工　费　（元）			1893.38	2208.00	2381.18
	材　料　费　（元）			149.98	149.98	149.98
	机　械　费　（元）			830.85	970.83	1176.10
	名　　　　　称	单位	单价（元）	数		量
人工	综合工日	工日	75.00	25.245	29.440	31.749
材料	耐酸耐火喷涂料	m³	—	(0.700)	(0.700)	(0.750)
	高压风管 φ50	m	54.42	1.800	1.800	1.800
	镀锌管接头（金属软管用）50	个	10.70	1.039	1.039	1.039
	盲板（木板）δ=25	m³	1376.00	0.004	0.004	0.004
	冷轧薄钢板 δ=2~2.5	kg	4.90	5.340	5.340	5.340
	水	t	4.00	2.310	2.310	2.310
机械	涡浆式混凝土搅拌机 350L	台班	240.95	0.770	0.910	1.040
	旋片式喷涂机	台班	18.99	0.680	0.800	1.030
	电动空气压缩机 10m³/min	台班	519.44	0.680	0.800	1.030
	电动多级离心清水泵 φ50mm 120m 以下	台班	214.67	0.770	0.910	1.040
	离心通风机 335~1300m³/min	台班	96.53	0.680	0.800	1.030
	平衡重式叉车 3t	台班	221.23	0.120	0.120	0.120
	卷扬机带塔 3~5t(H=40m)	台班	180.83	0.120	0.120	0.120

九、纤维耐火喷涂料

定 额 编 号			9-3-164	9-3-165	9-3-166	9-3-167
项 目			圆(弧)形墙			
			喷涂厚度(mm)			
			50	60	80	100
基 价 (元)			**2395.41**	**2752.88**	**3462.74**	**4108.25**
其中	人 工 费 (元)		1248.23	1373.10	1623.60	1811.25
	材 料 费 (元)		289.67	347.24	462.76	577.95
	机 械 费 (元)		857.51	1032.54	1376.38	1719.05
名 称	单位	单价(元)	数			量
人工 综合工日	工日	75.00	16.643	18.308	21.648	24.150
材料 纤维耐火喷涂料	m³	—	(0.650)	(0.780)	(1.040)	(1.300)
高压风管 φ50	m	54.42	1.500	1.800	2.400	3.000
镀锌管接头(金属软管用)50	个	10.70	1.039	1.246	1.662	2.078
盲板(木板)δ=25	m³	1376.00	0.002	0.002	0.003	0.003
冷轧薄钢板 δ=2~2.5	kg	4.90	2.230	2.670	3.560	4.450
混合液	kg	1.00	174.000	209.000	278.000	348.000
水	t	4.00	2.310	2.780	3.700	4.630
机械 喷浆机 70L以内	台班	24.37	0.980	1.180	1.570	1.960
电动空气压缩机 10m³/min	台班	519.44	1.010	1.210	1.620	2.020
电动多级离心清水泵 φ50mm 120m以下	台班	214.67	0.980	1.180	1.570	1.960
离心通风机 335~1300m³/min	台班	96.53	0.980	1.180	1.570	1.960
平衡重式叉车 3t	台班	221.23	0.010	0.020	0.020	0.030
卷扬机带塔 3~5t(H=40m)	台班	180.83	0.010	0.020	0.020	0.030

定　额　编　号				9-3-168	9-3-169	9-3-170
项　　　　目				管道及炉顶		
				喷涂厚度 50mm		
				管道内径 >2m	管道内径 <2m	球顶及连络管
基　　价　（元）				**2832.81**	**3249.52**	**3464.42**
其中	人　工　费　（元）			1496.63	1745.70	1869.90
	材　料　费　（元）			307.66	307.66	307.66
	机　械　费　（元）			1028.52	1196.16	1286.86
名　　　　称		单位	单价(元)	数		量
人工	综合工日	工日	75.00	19.955	23.276	24.932
材料	纤维耐火喷涂料	m³	—	(0.700)	(0.700)	(0.725)
	高压风管 φ50	m	54.42	1.500	1.500	1.500
	镀锌管接头(金属软管用) 50	个	10.70	1.039	1.039	1.039
	盲板(木板) δ=25	m³	1376.00	0.004	0.004	0.004
	冷轧薄钢板 δ=2~2.5	kg	4.90	5.340	5.340	5.340
	混合液	kg	1.00	174.000	174.000	174.000
	水	t	4.00	2.310	2.310	2.310
机械	喷浆机 70L 以内	台班	24.37	1.180	1.370	1.470
	电动空气压缩机 10m³/min	台班	519.44	1.210	1.410	1.520
	电动多级离心清水泵 φ50mm 120m 以下	台班	214.67	1.180	1.370	1.470
	离心通风机 335~1300m³/min	台班	96.53	1.180	1.370	1.470
	平衡重式叉车 3t	台班	221.23	0.010	0.010	0.010
	卷扬机带塔 3~5t(H=40m)	台班	180.83	0.010	0.010	0.010

十、人工涂抹不定形耐火材料

定 额 编 号				9-3-171	9-3-172	9-3-173	9-3-174
项 目				轻质不定形耐火材料		重质不定形耐火材料	
				涂抹厚度(mm)			
				20	50	20	50
基 价 (元)				**417.75**	**1062.97**	**524.66**	**1314.86**
其中	人 工 费 (元)			378.15	946.65	476.10	1190.25
	材 料 费 (元)			0.24	0.64	0.36	0.88
	机 械 费 (元)			39.36	115.68	48.20	123.73
名 称		单位	单价(元)	数		量	
人工	综合工日	工日	75.00	5.042	12.622	6.348	15.870
材料	轻质不定形耐火材料	m³	—	(0.240)	(0.600)	—	—
	重质不定形耐火材料	m³	—	—	—	(0.240)	(0.600)
	水	t	4.00	0.060	0.160	0.090	0.220
机械	涡浆式混凝土搅拌机 350L	台班	240.95	0.130	0.380	0.150	0.380
	平衡重式叉车 3t	台班	221.23	0.020	0.060	0.030	0.080
	卷扬机带塔 3~5t($H=40m$)	台班	180.83	0.020	0.060	0.030	0.080

十一、现场预制耐火(隔热)浇注料制品

单位:m³

定 额 编 号			9-3-175	9-3-176	9-3-177	9-3-178	9-3-179
项 目			单重 <25kg				
			隔热制品	黏土质制品	高铝质制品	镁质制品	刚玉质制品
基 价 (元)			**1118.37**	**1248.96**	**1374.30**	**1440.17**	**1523.59**
其中	人 工 费 (元)		695.55	814.20	921.83	978.45	1035.68
	材 料 费 (元)		341.37	340.65	340.65	339.77	340.65
	机 械 费 (元)		81.45	94.11	111.82	121.95	147.26
名 称	单位	单价(元)	数			量	
人工 综合工日	工日	75.00	9.274	10.856	12.291	13.046	13.809
材料 隔热耐火浇注料	m³	—	(1.030)	—	—	—	—
黏土质耐火浇注料	t	—	—	(1.030)	—	—	—
高铝质耐火浇注料	m³	—	—	—	(1.030)	—	—
镁铬质耐火浇注料	m³	—	—	—	—	(1.030)	—
刚玉质耐火浇注料	m³	—	—	—	—	—	(1.030)
螺栓 M16	kg	10.01	11.680	11.680	11.680	11.680	11.680
一等板方材 综合	m³	2050.00	0.108	0.108	0.108	0.108	0.108
铁钉	kg	4.86	0.300	0.300	0.300	0.300	0.300
水	t	4.00	0.400	0.220	0.220	—	0.220
机械 涡浆式混凝土搅拌机 350L	台班	240.95	0.300	0.350	0.420	0.460	0.560
混凝土振捣器 插入式	台班	12.14	0.300	0.350	0.420	0.460	0.560
木工圆锯机 φ500mm	台班	27.63	0.200	0.200	0.200	0.200	0.200

定　额　编　号	9-3-180	9-3-181	9-3-182	9-3-183	9-3-184
项　　　目	单重 25～50kg				
	隔热制品	黏土质制品	高铝质制品	镁质制品	刚玉质制品
基　　价　（元）	**945.67**	**1056.47**	**1160.69**	**1210.90**	**1280.08**
其中　人　工　费　（元）	572.70	674.10	763.13	806.63	852.15
材　料　费　（元）	270.62	269.90	269.90	269.02	269.90
机　械　费　（元）	102.35	112.47	127.66	135.25	158.03
名　　称	单位	单价（元）	数		量		

	名　称	单位	单价（元）	数		量		
人工	综合工日	工日	75.00	7.636	8.988	10.175	10.755	11.362
材料	隔热耐火浇注料	m³	—	(1.030)	—	—	—	—
	黏土质耐火浇注料	t	—	—	(1.030)	—	—	—
	高铝质耐火浇注料	m³	—	—	—	(1.030)	—	—
	镁铬质耐火浇注料	m³	—	—	—	—	(1.030)	—
	刚玉质耐火浇注料	m³	—	—	—	—	—	(1.030)
	螺栓 M16	kg	10.01	5.840	5.840	5.840	5.840	5.840
	一等板方材 综合	m³	2050.00	0.102	0.102	0.102	0.102	0.102
	铁钉	kg	4.86	0.300	0.300	0.300	0.300	0.300
	水	t	4.00	0.400	0.220	0.220	—	0.220
机械	涡浆式混凝土搅拌机 350L	台班	240.95	0.260	0.300	0.360	0.390	0.480
	混凝土振捣器 插入式	台班	12.14	0.260	0.300	0.360	0.390	0.480
	木工圆锯机 φ500mm	台班	27.63	0.190	0.190	0.190	0.190	0.190
	少先吊 1t	台班	125.18	0.250	0.250	0.250	0.250	0.250

定　额　编　号			9-3-185	9-3-186	9-3-187	9-3-188
项　　　　　目			单重＞50kg			
			黏土质制品	高铝质制品	镁质制品	刚玉质制品
基　　价　（元）			**819.68**	**902.69**	**948.78**	**1005.32**
其中	人　工　费　（元）		545.10	615.45	654.83	692.78
	材　料　费　（元）		177.25	177.25	176.37	177.25
	机　械　费　（元）		97.33	109.99	117.58	135.29
名　　　　　称	单位	单价（元）	数		量	
人工 综合工日	工日	75.00	7.268	8.206	8.731	9.237
材料 黏土质耐火浇注料	t	－	(1.030)	－	－	－
高铝质耐火浇注料	m³	－	－	(1.030)	－	－
镁铬质耐火浇注料	m³	－	－	－	(1.030)	－
刚玉质耐火浇注料	m³	－	－	－	－	(1.030)
螺栓 M16	kg	10.01	6.620	6.620	6.620	6.620
一等板方材 综合	m³	2050.00	0.053	0.053	0.053	0.053
铁钉	kg	4.86	0.300	0.300	0.300	0.300
水	t	4.00	0.220	0.220	－	0.220
机械 涡浆式混凝土搅拌机 350L	台班	240.95	0.250	0.300	0.330	0.400
混凝土振捣器 插入式	台班	12.14	0.250	0.300	0.330	0.400
木工圆锯机 φ500mm	台班	27.63	0.100	0.100	0.100	0.100
少先吊 1t	台班	125.18	0.250	0.250	0.250	0.250

十二、耐火浇注料预制块安装

单位：m³

定 额 编 号			9-3-189	9-3-190	9-3-191	9-3-192	9-3-193	9-3-194
项 目			黏土质制品		高铝质制品		镁质制品	刚玉质制品
			普通泥浆	高强泥浆	普通泥浆	高强泥浆		
基 价（元）			**465.57**	**783.80**	**641.63**	**822.17**	**443.13**	**927.68**
其中	人 工 费（元）		245.63	273.90	274.65	307.73	264.30	403.65
	材 料 费（元）		142.24	428.42	284.74	428.42	109.20	428.42
	机 械 费（元）		77.70	81.48	82.24	86.02	69.63	95.61
名 称	单位	单价（元）	数			量		
人工 综合工日	工日	75.00	3.275	3.652	3.662	4.103	3.524	5.382
材料 黏土质耐火浇注料预制块	m³	–	(0.982)	(0.971)	–	–	–	–
高铝质耐火浇注料预制块	m³	–	–	–	(0.982)	(0.971)	–	–
镁质耐火浇注料预制块	m³	–	–	–	–	–	(0.989)	–
刚玉质耐火浇注料预制块	m³	–	–	–	–	–	–	(0.971)
黏土质耐火泥浆 NN-42	kg	1.11	128.000	–	–	–	–	–
高铝质火泥 LF-70 细粒	kg	1.86	–	–	153.000	–	–	–
镁质火泥 MF-82	kg	1.82	–	–	–	–	60.000	–
高强泥浆	kg	1.95	–	136.000	–	136.000	–	136.000
添加剂	kg	11.65	–	14.000	–	14.000	–	14.000
水	t	4.00	0.040	0.030	0.040	0.030	–	0.030
机械 灰浆搅拌机 200L	台班	126.18	0.140	0.170	0.140	0.170	–	0.170
电动葫芦（单速）2t	台班	51.76	0.150	0.150	0.160	0.160	0.180	0.190
平衡重式叉车 3t	台班	221.23	0.130	0.130	0.140	0.140	0.150	0.160
卷扬机带塔 3~5t（H=40m）	台班	180.83	0.130	0.130	0.140	0.140	0.150	0.160

第四章　辅　助　项　目

说　　明

一、本章工作内容包括:抹灰、涂料、填料、灌浆、铺贴高温(隔热)板(毡)、缠石棉绳、模板、拱胎、预砌筑、选砖和集中砖加工等。

二、本章内预砌筑、选砖和集中砖加工,仅适用于第二章"一般工业炉窑"。执行时按《工业炉砌筑工程施工及验收规范》(BGJ211—80)有关规定或设计要求计算工程量。

三、预砌筑定额是按干砌编制的,如要求湿砌时,每立方米砌体增加耐火泥180kg,水0.08m³;如用卤水时,加56kg卤水块。预砌筑场地需铺砖、抹灰、找平时,按砌红砖底和抹灰定额执行。

四、凡施工中对合门砖、错缝砖、槎子砖、拱顶锁砖等进行的磨、切砖均属临时加工,不得执行本章集中砖加工定额。

一、抹灰和涂抹料

单位：10m²

定 额 编 号			9-4-1	9-4-2	9-4-3	9-4-4	9-4-5	9-4-6
项 目			耐火泥加水泥抹灰 厚20mm		石棉水泥硅藻土抹灰 厚20mm		石棉沥青膏	涂料
			水平面	垂直面	水平面	垂直面	厚20mm	厚5mm
基 价 （元）			**251.51**	**213.99**	**147.84**	**169.59**	**459.57**	**97.15**
其中	人 工 费 （元）		150.75	172.50	110.25	132.00	305.25	80.25
	材 料 费 （元）		–	–	–	–	135.66	–
	机 械 费 （元）		100.76	41.49	37.59	37.59	18.66	16.90
名 称	单位	单价（元）	数			量		
人工 综合工日	工日	75.00	2.010	2.300	1.470	1.760	4.070	1.070
材料 抹灰料	10m²	–	(1.100)	(1.150)	(1.100)	(1.150)	(1.050)	–
涂抹料	10m²	–	–	–	–	–	–	(1.200)
镀锌铁丝网 20×20×1.6	m²	12.92	–	–	–	–	10.500	–
机械 灰浆搅拌机 200L	台班	126.18	0.170	0.070	0.150	0.150	–	0.060
载货汽车 4t	台班	466.52	0.170	0.070	0.040	0.040	0.040	0.020

二、填料和灌浆

单位：m³

定 额 编 号			9-4-7	9-4-8	9-4-9	9-4-10	9-4-11
项 目			填硅藻土隔热碎块	干填料	湿填料	铁屑填料	填耐火纤维棉
基 价 （元）			**280.39**	**241.31**	**405.35**	**2725.81**	**1259.55**
其中	人 工 费 （元）		200.25	162.00	267.00	2419.50	1166.25
	材 料 费 （元）		–	–	–	–	–
	机 械 费 （元）		80.14	79.31	138.35	306.31	93.30
名 称	单位	单价（元）	数		量		
人工 综合工日	工日	75.00	2.670	2.160	3.560	32.260	15.550
材料 硅藻土隔热碎块	m³	–	(1.150)	–	–	–	–
干填料	m³	–	–	(1.100)	–	–	–
湿填料	m³	–	–	–	(1.100)	–	–
铁屑填料	m³	–	–	–	–	(1.080)	–
耐火纤维棉	m³	–	–	–	–	–	(1.050)
机械 灰浆搅拌机 200L	台班	126.18	–	–	0.320	–	–
离心通风机 335～1300m³/min	台班	96.53	–	–	–	1.240	–
筛砂机	台班	37.08	0.400	–	–	–	–
载货汽车 4t	台班	466.52	0.140	0.170	0.210	0.400	0.200

定 额 编 号			9-4-12	9-4-13	9-4-14	9-4-15
项 目			灌浆	压注无水泥浆	热风炉炉底压浆	压注炭胶
单 位			m³			10m²
基 价 （元）			**718.27**	**974.71**	**1482.11**	**1507.17**
其中	人 工 费 （元）		525.75	714.00	792.00	862.50
	材 料 费 （元）		–	40.82	498.31	379.25
	机 械 费 （元）		192.52	219.89	191.80	265.42
名 称	单位	单价(元)	数		量	
人工 综合工日	工日	75.00	7.010	9.520	10.560	11.500
材料 灌浆	m³	–	(1.080)	–	–	–
无水泥浆	m³	–	–	(1.100)	(1.100)	–
炭胶	m²	–	–	–	–	(11.000)
高压风管 φ50	m	54.42	–	0.750	4.290	0.750
无缝钢管 φ50×4	m	26.02	–	–	2.500	2.500

定 额 编 号			9-4-12	9-4-13	9-4-14	9-4-15
项 目			灌浆	压注无水泥浆	热风炉炉底压浆	压注炭胶
材料	热轧中厚钢板 δ=18~25	kg	3.70	–	–	54.000	–
	法兰压盖 DN50 室内排水	个	5.04	–	–	–	37.000
	一等板方材 综合	m³	2050.00	–	–	–	0.020
	管接头	kg	9.00	–	–	–	5.100
机械	灰浆搅拌机 200L	台班	126.18	0.290	0.500	0.100	0.500
	泥浆泵 φ50mm	台班	199.87	0.290	–	–	–
	柱塞压浆泵	台班	127.00	–	0.500	0.070	–
	载货汽车 4t	台班	466.52	0.210	0.200	–	0.200
	半自动切割机 100mm	台班	221.48	–	–	0.420	–
	电焊机(综合)	台班	183.97	–	–	0.420	–
	压炭胶机	台班	146.00	–	–	–	0.300
	鼓风机 18m³/min	台班	213.04	–	–	–	0.300
	吸尘器 V3-85	台班	4.39	–	–	–	0.300

三、贴挂高温(隔热)板(毡)和缠石棉绳

单位:10m²

定　额　编　号				9-4-16	9-4-17	9-4-18
项　　　　目				贴挂耐高温(隔热)板(毡)单层		
				平、立面	圆弧面	水梁、立柱包扎
基　　　价　　（元）				**147.33**	**151.08**	**313.74**
其中	人　工　费　（元）			138.00	141.75	301.50
	材　料　费　（元）			–	–	2.91
	机　械　费　（元）			9.33	9.33	9.33
名　　　　　称		单位	单价(元)	数		量
人工	综合工日	工日	75.00	1.840	1.890	4.020
材料	耐高温(隔热)板(毡)	10m²	–	(1.050)	(1.050)	(1.050)
	镀锌铁丝网 20×20×1.6	m²	–	(23.000)	(23.000)	(23.000)
	镀锌铁丝	kg	6.20	–	–	0.470
机械	载货汽车 4t	台班	466.52	0.020	0.020	0.020

定 额 编 号				9-4-19	9-4-20	9-4-21	9-4-22
项 目				铺石棉板(10m²)			
				厚度(mm)			
				5	10	15	20
基 价 (元)				**62.68**	**65.68**	**86.09**	**101.84**
其中	人 工 费 (元)			27.75	30.75	46.50	62.25
	材 料 费 (元)			29.00	29.00	29.00	29.00
	机 械 费 (元)			5.93	5.93	10.59	10.59
名 称		单位	单价(元)	数			量
人工	综合工日	工日	75.00	0.370	0.410	0.620	0.830
材料	石棉板 $\delta=5$	10m²	—	(1.050)	—	—	—
	石棉板 $\delta=10$	10m²	—	—	(1.050)	—	—
	石棉板 $\delta=15$	10m²	—	—	—	(1.050)	—
	石棉板 $\delta=20$	10m²	—	—	—	—	(1.050)
	环氧黏结剂	kg	—	(23.000)	(23.000)	(23.000)	(23.000)
	高铝熟料粉	kg	1.16	25.000	25.000	25.000	25.000
机械	灰浆搅拌机 200L	台班	126.18	0.010	0.010	0.010	0.010
	载货汽车 4t	台班	466.52	0.010	0.010	0.020	0.020

定　额　编　号			9-4-23	9-4-24	9-4-25
项　　　　目			缠石棉绳		
			$\phi10$mm	$\phi11\sim25$mm	$\phi>25$mm
基　　价　（元）			**14.25**	**14.25**	**14.25**
其 中	人　工　费　（元）		14.25	14.25	14.25
	材　料　费　（元）		–	–	–
	机　械　费　（元）		–	–	–
名　　　称	单位	单价(元)	数		量
人工 综合工日	工日	75.00	0.190	0.190	0.190
材 料 石棉编绳 $\phi6\sim10$ 烧失量24%	10m	–	(1.020)	–	–
石棉编绳 $\phi11\sim25$ 烧失量24%	10m	–	–	(1.020)	–
石棉编绳 $\phi26\sim50$ 烧失量24%	10m	–	–	–	(1.020)

四、模板和拱胎

定 额 编 号			9-4-26	9-4-27	9-4-28	9-4-29
项 目			步进梁用异型钢模		拱胎	
			制作	安装拆除	弧形	球形
单 位			t		10m²	
基 价 （元）			**9359.73**	**5450.66**	**1193.82**	**1652.09**
其 中	人 工 费 （元）		5199.75	3021.75	517.50	792.75
	材 料 费 （元）		1073.96	842.92	635.90	805.15
	机 械 费 （元）		3086.02	1585.99	40.42	54.19
名 称	单位	单价（元）	数		量	
人工 综合工日	工日	75.00	69.330	40.290	6.900	10.570
材料 钢板 δ=2~3	kg	—	(800.000)	—	—	—
角钢 ∟40~50	kg	—	(103.000)	—	—	—
槽钢	kg	—	(160.000)	—	—	—
一等板方材 综合	m³	2050.00	—	0.200	0.300	0.380
铁钉	kg	4.86	—	7.000	4.300	5.380

定 额 编 号			9-4-26	9-4-27	9-4-28	9-4-29
项 目			步进梁用异型钢模		拱胎	
			制作	安装拆除	弧形	球形
材 料	螺杆 加工件	kg	9.52	–	13.000	–	–
	螺帽	千件	206.22	–	0.020	–	–
	零星卡具	kg	4.32	–	29.000	–	–
	电焊条 结 422 φ2.5	kg	5.04	30.730	15.480	–	–
	氧气	m³	3.60	14.340	5.090	–	–
	乙炔气	m³	25.20	7.060	1.960	–	–
	无缝钢管 φ57×4	m	29.98	23.000	–	–	–
机 械	木工圆锯机 φ500mm	台班	27.63	–	0.400	0.550	0.700
	木工压刨床 单面 600mm	台班	48.43	–	–	0.350	0.500
	剪板机 13mm×2500mm	台班	221.90	0.760	–	–	–
	卷板机 20mm×2500mm	台班	291.50	0.870	1.250	–	–
	立式钻床 φ25mm	台班	118.20	0.250	–	0.070	0.090
	直流弧焊机 20kW	台班	209.44	10.350	5.780	–	–
	载货汽车 4t	台班	466.52	1.000	–	–	–

五、预砌筑、组合砖预组装及选砖

定 额 编 号			9-4-30	9-4-31	9-4-32	9-4-33
项 目			预砌筑(干砌)			
			球形顶	反拱底	炉顶	格子砖
单 位			m³			t
基 价 （元）			**870.30**	**539.20**	**502.35**	**287.66**
其中	人 工 费 （元）		736.50	406.50	439.50	255.00
	材 料 费 （元）		73.15	72.05	2.20	—
	机 械 费 （元）		60.65	60.65	60.65	32.66
名 称	单位	单价(元)	数		量	
人工 综合工日	工日	75.00	9.820	5.420	5.860	3.400
材料 耐火砖	t	—	(0.010)	(0.010)	(0.010)	(0.005)
黄板纸	m²	1.10	5.000	4.000	2.000	—
一等板方材 综合	m³	2050.00	0.033	0.033	—	—
机械 载货汽车 4t	台班	466.52	0.130	0.130	0.130	0.070

定　额　编　号			9-4-34	9-4-35	9-4-36	9-4-37	9-4-38
项　　　　　目			预砌筑（湿砌）			组合砖预组装	选砖
			球形顶	反拱底	炉顶		
单　　　　　位			m³				t
基　　　价　（元）			**1128.92**	**797.82**	**828.62**	**716.48**	**54.00**
其中	人　工　费　（元）		736.50	406.50	439.50	619.50	54.00
	材　料　费　（元）		298.27	297.17	294.97	41.00	–
	机　械　费　（元）		94.15	94.15	94.15	55.98	–
名　　　称	单位	单价（元）	数		量		
人工	综合工日	工日	75.00	9.820	5.420	5.860	8.260	0.720
材料	耐火砖	t	–	(0.020)	(0.020)	(0.020)	(0.005)	–
	黏土质耐火泥浆 NN–42	kg	1.11	0.180	0.180	0.180	–	–
	黄板纸	m²	1.10	5.000	4.000	2.000	–	–
	一等板方材 综合	m³	2050.00	0.033	0.033	0.033	0.020	–
	卤水块	kg	4.00	56.000	56.000	56.000	–	–
	金刚石砂轮片 φ600	片	60.00	0.010	0.010	0.010	–	–
	水	t	4.00	0.080	0.080	0.080	–	–
机械	灰浆搅拌机 200L	台班	126.18	0.140	0.140	0.140	–	–
	磨砖机 4kW	台班	213.88	0.050	0.050	0.050	–	–
	金刚石切砖机 2.2kW	台班	42.90	0.120	0.120	0.120	–	–
	载货汽车 4t	台班	466.52	0.130	0.130	0.130	0.120	–

六、机械集中磨砖

定 额 编 号			9-4-39	9-4-40	9-4-41	9-4-42	9-4-43	9-4-44
项 目			黏土质耐火砖、硅砖（公差:1mm）			高铝砖、镁砖（公差:1mm）		
			六面	四面	二面	六面	四面	二面
基 价 （元）			**407.74**	**322.80**	**206.40**	**762.65**	**566.39**	**381.81**
其中	人 工 费 （元）		190.50	150.75	96.00	346.50	257.25	173.25
	材 料 费 （元）		34.21	27.10	17.33	82.93	61.61	41.47
	机 械 费 （元）		183.03	144.95	93.07	333.22	247.53	167.09
名 称	单位	单价(元)	数		量			
人工 综合工日	工日	75.00	2.540	2.010	1.280	4.620	3.430	2.310
材料 碳化硅砂轮片 KVP300mm×25mm×32mm	个	148.09	0.231	0.183	0.117	0.560	0.416	0.280
机械 磨砖机 4kW	台班	213.88	0.770	0.610	0.390	1.400	1.040	0.700
离心通风机 335~1300m³/min	台班	96.53	0.190	0.150	0.100	0.350	0.260	0.180

七、机械集中切砖

单位:见表

定 额 编 号			9-4-45	9-4-46	9-4-47	9-4-48
项 目			红砖			隔热耐火砖
			直切	斜切	切二面	
单 位			100 块			t
基 价 (元)			**52.59**	**83.07**	**104.00**	**323.00**
其中	人 工 费 (元)		16.50	26.25	34.50	68.25
	材 料 费 (元)		7.09	11.23	13.60	22.76
	机 械 费 (元)		29.00	45.59	55.90	231.99
名 称	单位	单价(元)	数		量	
人工 综合工日	工日	75.00	0.220	0.350	0.460	0.910
材料 红砖 100 号	块	–	(15.000)	(15.000)	(15.000)	–
隔热耐火砖	t	–	–	–	–	(0.150)
碳化硅砂轮片 φ400×25×(3~4)	片	29.56	0.240	0.380	0.460	0.770
机械 切砖机 5.5kW	台班	209.48	0.120	0.190	0.230	0.960
离心通风机 335~1300m³/min	台班	96.53	0.040	0.060	0.080	0.320

定 额 编 号				9-4-49	9-4-50	9-4-51
项 目				镁砖		
				直切	斜切	切二面
基 价 （元）				**883.11**	**1244.26**	**1867.67**
其 中	人 工 费 （元）			249.75	351.75	526.50
	材 料 费 （元）			267.81	377.78	567.55
	机 械 费 （元）			365.55	514.73	773.62
名 称		单位	单价（元）	数		量
人工	综合工日	工日	75.00	3.330	4.690	7.020
材料	耐火砖	t	—	(0.150)	(0.150)	(0.150)
	碳化硅砂轮片 $\phi400 \times 25 \times (3 \sim 4)$	片	29.56	9.060	12.780	19.200
机械	切砖机 5.5kW	台班	209.48	1.510	2.130	3.200
	离心通风机 $335 \sim 1300 m^3/min$	台班	96.53	0.510	0.710	1.070

定 额 编 号			9-4-52	9-4-53	9-4-54	9-4-55	9-4-56	9-4-57	9-4-58
项 目			端面直斜形切砖						
			黏土质耐火砖	高铝砖	硅砖	碳化硅砖	莫来石砖	硅线石砖	刚玉砖
基 价 (元)			**371.23**	**535.73**	**337.45**	**639.92**	**858.21**	**767.18**	**2340.99**
其中	人 工 费 (元)		256.50	318.75	238.50	396.75	527.25	474.00	700.50
	材 料 费 (元)		40.40	72.40	33.20	72.00	100.80	86.40	1331.50
	机 械 费 (元)		74.33	144.58	65.75	171.17	230.16	206.78	308.99
名 称	单位	单价(元)	数				量		
人工 综合工日	工日	75.00	3.420	4.250	3.180	5.290	7.030	6.320	9.340
材料 耐火砖	t	–	(0.100)	(0.100)	(0.100)	(0.100)	(0.100)	(0.100)	(0.100)
合金钢切割片(大理石切割片)φ600	片	720.00	0.050	0.090	0.040	0.100	0.140	0.120	0.200
冷却液	kg	9.50	–	–	–	–	–	–	125.000
水	t	4.00	1.100	1.900	1.100	–	–	–	–
机械 金刚石切砖机 2.2kW	台班	42.90	0.990	1.930	0.880	2.280	3.070	2.750	4.120
离心通风机 335～1300m³/min	台班	96.53	0.330	0.640	0.290	0.760	1.020	0.920	1.370

定 额 编 号			9-4-59	9-4-60	9-4-61	9-4-62	9-4-63	9-4-64	9-4-65
项 目			大面直斜形切砖						
			黏土质耐火砖	高铝砖	硅砖	碳化硅砖	莫来石砖	硅线石砖	刚玉砖
基 价 （元）			**503.63**	**968.35**	**449.81**	**1120.62**	**1498.30**	**1346.18**	**4154.50**
其中	人 工 费 （元）		312.00	594.00	279.75	698.25	932.25	837.75	1244.25
	材 料 费 （元）		58.32	114.48	51.12	115.20	151.20	136.80	2353.50
	机 械 费 （元）		133.31	259.87	118.94	307.17	414.85	371.63	556.75
名 称	单位	单价（元）	数			量			
人工 综合工日	工日	75.00	4.160	7.920	3.730	9.310	12.430	11.170	16.590
材料 耐火砖	t	－	(0.100)	(0.100)	(0.100)	(0.100)	(0.100)	(0.100)	(0.100)
合金钢切割片（大理石切割片）ϕ600	片	720.00	0.070	0.140	0.060	0.160	0.210	0.190	0.300
冷却液	kg	9.50	－	－	－	－	－	－	225.000
水	t	4.00	1.980	3.420	1.980	－	－	－	－
机械 金刚石切砖机 2.2kW	台班	42.90	1.780	3.470	1.580	4.100	5.530	4.950	7.420
离心通风机 335～1300m³/min	台班	96.53	0.590	1.150	0.530	1.360	1.840	1.650	2.470

单位：t

定　额　编　号			9-4-66	9-4-67	9-4-68	9-4-69	9-4-70	9-4-71	9-4-72
项　　　目			端面箭头形二面切						
			黏土质耐火砖	高铝砖	硅砖	碳化硅砖	莫来石砖	硅线石砖	刚玉砖
基　　价　（元）			**560.05**	**1070.10**	**498.94**	**1245.20**	**1666.63**	**1492.30**	**4603.39**
其中	人　工　费　（元）		345.00	657.75	308.25	773.25	1033.50	928.50	1380.00
	材　料　费　（元）		66.40	123.20	59.20	129.60	172.80	151.20	2605.40
	机　械　费　（元）		148.65	289.15	131.49	342.35	460.33	412.60	617.99
名　　　　称	单位	单价（元）	数			量			
人工	综合工日	工日	75.00	4.600	8.770	4.110	10.310	13.780	12.380	18.400
材料	耐火砖	t	—	(0.100)	(0.100)	(0.100)	(0.100)	(0.100)	(0.100)	(0.100)
	合金钢切割片（大理石切割片）φ600	片	720.00	0.080	0.150	0.070	0.180	0.240	0.210	0.320
	冷却液	kg	9.50	–	–	–	–	–	–	250.000
	水	t	4.00	2.200	3.800	2.200	–	–	–	–
机械	金刚石切砖机 2.2kW	台班	42.90	1.980	3.860	1.760	4.560	6.140	5.500	8.240
	离心通风机 335～1300m³/min	台班	96.53	0.660	1.280	0.580	1.520	2.040	1.830	2.740

定 额 编 号			9-4-73	9-4-74	9-4-75
项　　　　目			手工加工砖		
			隔热耐火砖	黏土质耐火砖、硅砖	高铝砖
基　　价（元）			**179.25**	**237.00**	**431.25**
其 中	人　工　费（元）		179.25	237.00	431.25
	材　料　费（元）		－	－	－
	机　械　费（元）		－	－	－
名　　称	单位	单价(元)	数		量
人工 综合工日	工日	75.00	2.390	3.160	5.750
材 隔热耐火砖	t	－	(0.150)	－	－
料 耐火砖	t	－	－	(0.150)	(0.150)

八、耐火纤维模块

定　额　编　号			9-4-76	9-4-77	9-4-78	9-4-79
项　　　　　　目			叠砌耐火纤维模块			
			半成品		成品	
			粘贴	锚固	粘贴	锚固
基　　　价　（元）			**2011.33**	**976.23**	**1951.33**	**901.23**
其中	人　工　费　（元）		950.25	920.25	890.25	845.25
	材　料　费　（元）		1005.10	–	1005.10	–
	机　械　费　（元）		55.98	55.98	55.98	55.98
名　　　　称	单位	单价(元)	数		量	
人工	综合工日	工日	75.00	12.670	12.270	11.870	11.270
材料	耐火纤维毡	m³	–	(1.300)	(1.300)	–	–
	耐火纤维模块	m³	–	–	–	(1.050)	(1.050)
	环氧黏结剂	kg	43.70	23.000	–	23.000	–
机械	载货汽车 4t	台班	466.52	0.120	0.120	0.120	0.120

九、炉窑金具件制作、安装、运输

单位：见表

定 额 编 号			9-4-80	9-4-81	9-4-82	9-4-83	9-4-84	9-4-85
项 目			金具件制作		金具件安装		金具件汽车运输	
			碳钢	不锈钢	碳钢	不锈钢	运输1km内	每增加1km
单 位			10kg				t	
基 价 （元）			**339.46**	**363.46**	**478.40**	**558.49**	**1001.30**	**74.74**
其中	人 工 费 （元）		317.25	341.25	297.00	321.75	165.00	15.00
	材 料 费 （元）		–	–	7.56	62.90	–	–
	机 械 费 （元）		22.21	22.21	173.84	173.84	836.30	59.74
名 称	单位	单价（元）	数			量		
人工 综合工日	工日	75.00	4.230	4.550	3.960	4.290	2.200	0.200
材料 碳钢	kg	–	(10.500)	–	–	–	–	–
不锈钢材	kg	–	–	(10.500)	–	–	–	–
电焊条 结 422 φ2.5	kg	5.04	–	–	1.500	–	–	–
不锈钢电焊条 102	kg	37.00	–	–	–	1.700	–	–
机械 直流弧焊机 20kW	台班	209.44	–	–	0.830	0.830	–	–
钢筋切断机 φ40mm	台班	52.99	0.300	0.300	–	–	–	–
钢筋弯曲机 φ40mm	台班	31.57	0.200	0.200	–	–	–	–
载货汽车 4t	台班	466.52	–	–	–	–	0.700	0.050
汽车式起重机 8t	台班	728.19	–	–	–	–	0.700	0.050

十、耐火材料汽车运输

单位:t

定 额 编 号				9-4-86	9-4-87	9-4-88	9-4-89	9-4-90	9-4-91	9-4-92
项 目				汽车运输(运距5km以内)						
				标普型耐火砖	异特型耐火砖	轻质耐火砖	硅藻土隔热砖	袋装细粉材料	其他散状材料	
									容重>1.3	容重≤1.3
基 价 (元)				91.25	100.48	142.85	258.72	148.55	147.12	186.27
其中	人 工 费 (元)			26.40	35.63	42.08	66.98	47.78	46.35	85.50
	材 料 费 (元)			-	-	-	-	-	-	-
	机 械 费 (元)			64.85	64.85	100.77	191.74	100.77	100.77	100.77
名 称		单位	单价(元)	数			量			
人工	综合工日	工日	75.00	0.352	0.475	0.561	0.893	0.637	0.618	1.140
机械	载货汽车4t	台班	466.52	0.139	0.139	0.216	0.411	0.216	0.216	0.216

十一、其他

单位:10m²

定 额 编 号				9-4-93	9-4-94	9-4-95	9-4-96	9-4-97	9-4-98	9-4-99
项 目				衬油纸	铺聚乙烯薄膜	绑扎链环钢筋网	焊接链环钢筋网	绑扎铁丝网	锚固钉缠纸	可塑料表面修整
基 价 (元)				**137.67**	**125.10**	**320.33**	**769.72**	**91.50**	**78.92**	**667.50**
其中	人 工 费 (元)			100.50	110.55	282.00	501.00	91.50	74.25	667.50
	材 料 费 (元)			32.50	9.88	29.00	8.06	–	4.67	–
	机 械 费 (元)			4.67	4.67	9.33	260.66	–	–	–
名 称		单位	单价(元)	数			量			
人工	综合工日	工日	75.00	1.340	1.474	3.760	6.680	1.220	0.990	8.900
材料	链环钢筋网	m²	–	–	–	(10.500)	(10.500)	–	–	–
	镀锌铁丝网 20×20×1.6	m²	–	–	–	–	–	(10.500)	–	–
	油纸	m²	2.50	13.000	–	–	–	–	–	–
	塑料薄膜	m²	0.76	–	13.000	–	–	–	–	–
	不锈钢丝 18号	kg	29.00	–	–	1.000	–	–	–	–
	电焊条 结422 φ2.5	kg	5.04	–	–	–	1.600	–	–	–
	黑胶布条 18m	盘	2.28	–	–	–	–	–	2.050	–
机械	直流弧焊机 20kW	台班	209.44	–	–	–	1.200	–	–	–
	载货汽车 4t	台班	466.52	0.010	0.010	0.020	0.020	–	–	–

十二、工业炉窑拆除

单位：m³

定额编号			9-4-100	9-4-101	9-4-102	9-4-103	9-4-104	9-4-105
项目			高炉及附属设备			平炉	转炉、电炉	焦炉
			高炉本体	热风炉	管道及其他			
基价（元）			**439.59**	**368.68**	**578.89**	**332.28**	**475.67**	**355.06**
其中	人工费（元）		229.50	201.00	305.25	177.75	327.75	165.75
	材料费（元）		11.90	6.61	7.19	7.77	6.61	7.19
	机械费（元）		198.19	161.07	266.45	146.76	141.31	182.12
名称	单位	单价（元）	数			量		
人工 综合工日	工日	75.00	3.060	2.680	4.070	2.370	4.370	2.210
材料 钢钎	kg	5.80	2.000	1.100	1.200	1.300	1.100	1.200
焦炭	kg	1.50	0.200	0.150	0.150	0.150	0.150	0.150
机械 拉铲	台班	599.98	0.070	–	–	–	–	–
皮带运输机 15m×0.5m	台班	230.18	0.100	0.150	0.100	0.320	0.200	0.400
电动空气压缩机 10m³/min	台班	519.44	0.100	0.060	0.280	0.070	0.100	0.090
风动凿岩机 手持式	台班	158.18	0.350	–	–	0.060	–	–
风镐	台班	56.35	0.190	0.280	0.600	0.140	0.500	0.270
轴流风机 7.5kW	台班	42.81	0.100	0.150	0.450	0.100	0.100	0.080
卷扬机带塔 3~5t（H=40m）	台班	180.83	–	0.150	0.100	–	–	–
电动卷扬机（单筒慢速）50kN	台班	145.07	–	0.220	0.110	–	–	0.110
吊斗机	台班	51.98	–	–	–	0.060	–	–
火车皮	台班	108.78	0.100	0.130	0.100	0.110	0.100	0.080

定 额 编 号			9-4-106	9-4-107	9-4-108	9-4-109
项 目			蒸汽锅炉	工业管道	烟道	回转窑及冷却筒
基 价 （元）			**281.56**	**254.79**	**228.54**	**309.07**
其 中	人 工 费 （元）		213.75	210.00	183.75	218.25
	材 料 费 （元）		6.61	6.61	6.61	6.61
	机 械 费 （元）		61.20	38.18	38.18	84.21
名 称	单位	单价(元)	数			量
人工 综合工日	工日	75.00	2.850	2.800	2.450	2.910
材料 钢钎	kg	5.80	1.100	1.100	1.100	1.100
焦炭	kg	1.50	0.150	0.150	0.150	0.150
机 皮带运输机 15m×0.5m	台班	230.18	0.200	0.100	0.100	0.300
轴流风机 7.5kW	台班	42.81	0.100	0.100	0.100	0.100
械 火车皮	台班	108.78	0.100	0.100	0.100	0.100

定　额　编　号			9-4-110	9-4-111	9-4-112	9-4-113	9-4-114	9-4-115
项　　　　　　目			拱顶	吊挂顶	炉墙	带有锚固砖或挂钩的炉墙	托管砖	炉底
基　　　价　（元）			**292.30**	**327.55**	**340.30**	**404.05**	**381.55**	**381.55**
其中	人　工　费　（元）		133.50	168.75	181.50	245.25	222.75	222.75
	材　料　费　（元）		6.61	6.61	6.61	6.61	6.61	6.61
	机　械　费　（元）		152.19	152.19	152.19	152.19	152.19	152.19
名　　　称	单位	单价(元)	数			量		
人工 综合工日	工日	75.00	1.780	2.250	2.420	3.270	2.970	2.970
材料 钢钎	kg	5.80	1.100	1.100	1.100	1.100	1.100	1.100
焦炭	kg	1.50	0.150	0.150	0.150	0.150	0.150	0.150
机械 风镐	台班	56.35	0.500	0.500	0.500	0.500	0.500	0.500
皮带运输机 15m×0.5m	台班	230.18	0.200	0.200	0.200	0.200	0.200	0.200
电动空气压缩机 10m³/min	台班	519.44	0.100	0.100	0.100	0.100	0.100	0.100
轴流风机 7.5kW	台班	42.81	0.100	0.100	0.100	0.100	0.100	0.100
火车皮	台班	108.78	0.200	0.200	0.200	0.200	0.200	0.200

定 额 编 号			9-4-116	9-4-117	9-4-118	9-4-119	9-4-120	9-4-121
项 目			预(蓄)热器			捣打料或浇注料炉衬		大型预制砌块(梁)
			拱顶	格子(管)砖	炉底	炉顶	炉墙	
单 位			m³	t	m³			
基 价 (元)			**225.68**	**167.11**	**344.80**	**838.55**	**821.30**	**615.56**
其中	人 工 费 (元)		147.00	103.50	186.00	569.25	552.00	435.00
	材 料 费 (元)		6.61	3.05	6.61	6.61	6.61	6.61
	机 械 费 (元)		72.07	60.56	152.19	262.69	262.69	173.95
名 称	单位	单价(元)	数			量		
人工 综合工日	工日	75.00	1.960	1.380	2.480	7.590	7.360	5.800
材料 钢钎	kg	5.80	1.100	0.500	1.100	1.100	1.100	1.100
焦炭	kg	1.50	0.150	0.100	0.150	0.150	0.150	0.150
机 风镐	台班	56.35	–	–	0.500	2.000	2.000	0.500
皮带运输机 15m×0.5m	台班	230.18	0.200	0.150	0.200	0.200	0.200	0.200
电动空气压缩机 10m³/min	台班	519.44	–	–	0.100	0.150	0.150	0.100
轴流风机 7.5kW	台班	42.81	0.100	0.100	0.100	0.100	0.100	0.100
火车皮	台班	108.78	0.200	0.200	0.200	0.200	0.200	0.200
械 电动卷扬机(单筒慢速)50kN	台班	145.07	–	–	–	–	–	0.150

附　　录

一、主要材料损耗率表

计量单位：m³

章、节、砖种	净用量	损耗率（%）	定额数量
一、冶金炉窑			
1、炼焦炉			
（1）炭化室高4.3m以下焦炉			
红砖	533（块）	2.5	546（块）
硅藻土隔热砖	0.897	1.8	0.913
黏土质耐火砖	0.929	3.15	0.958
硅砖	0.937	3.6	0.971
高铝砖	0.942	3.6	0.976
缸砖	0.934	3.15	0.963
红柱石砖	0.946	3.6	0.98
堇青石砖	0.927	4.75	0.971
格子砖	1（t）	2.3	1.023（t）
（2）炭化室高4.3～6m焦炉			
红砖	533（块）	2.5	546（块）
硅藻土隔热砖	0.897	1.8	0.913
黏土质耐火砖	0.932	3	0.96
硅砖	0.949	3	0.977
高铝砖	0.941	3	0.969
缸砖	0.934	3	0.962
堇青石砖	0.927	4.75	0.971

章、节、砖种	净用量	损耗率(%)	定额数量
格子砖	1(t)	2.3	1.023(t)
(3)炭化室高6~7.63m焦炉			
红砖	533(块)	2.5	546(块)
硅藻土隔热砖	0.897	1.8	0.913
黏土质耐火砖	0.932	3	0.96
硅砖	0.949	3	0.977
高铝砖	0.941	3	0.969
缸砖	0.934	3	0.962
漂珠砖	0.949	1.8	0.966
格子砖	1(t)	2.3	1.023(t)
(4)分格式焦炉			
红砖	540(块)	2.7	555(块)
硅藻土隔热砖	0.9	1.8	0.916
漂珠砖	0.949	1.8	0.966
黏土质耐火砖	0.939	3.15	0.969
高铝砖	0.937	3.6	0.971
硅砖	0.934	3.6	0.968
缸砖	0.936	3.15	0.965
格子砖	1(t)	2.3	1.023(t)
(5)熄焦罐系列			
致密黏土砖(熄焦罐)	0.98	3.6	1.015

章、节、砖种	净用量	损耗率(%)	定额数量
硅藻土隔热砖(熄焦罐)	0.902	2.7	0.926
致密黏土砖(一次除尘)	0.971	3.15	1.002
硅藻土隔热砖(一次除尘)	0.905	2.7	0.929
玄武岩板 $\delta = 25mm$	0.25	4.5	0.261
莫来石砖	0.964	3.6	0.999
碳化硅砖	0.969	3.6	1.004
2、炼铁高炉(含热风炉附属设备)			
(1)300m³ 以下高炉系列			
高炉本体			
黏土质耐火砖　普通泥浆	0.963	3.6	0.998
高强泥浆	0.963	3.6	0.998
高铝砖　普通泥浆 2.2t/ m³	0.984	3.5	1.018
高强泥浆	0.967	3.6	1.002
热风炉			
硅藻土隔热砖	0.894	1.8	0.91
黏土质耐火砖　普通泥浆	0.948	3.24	0.979
高强泥浆	0.948	3.17	0.978
黏土格子砖　板、浪型	1(t)	2	1.02(t)
多孔	1(t)	3	1.03(t)
(2)300～750m³ 高炉系列			
高炉本体			

章、节、砖种	净用量	损耗率(%)	定额数量
黏土质耐火砖　普通泥浆	0.963	3.6	0.998
高强泥浆	0.965	3.6	1
高铝砖　普通泥浆	0.967	3.6	1.002
高强泥浆	0.968	3.6	1.003
炭砖	0.995	1	1.005
刚玉砖	0.969	3.6	1.004
铝碳砖	0.967	3.6	1.002
热风炉			
硅藻土隔热砖	0.894	1.8	0.91
黏土质隔热耐火砖	0.93	2.97	0.958
黏土质耐火砖　普通泥浆	0.948	3.24	0.979
高强泥浆	0.947	3.17	0.977
高铝砖　普通泥浆	0.967	4.05	1.006
高强泥浆	0.95	3.24	0.981
黏土格子砖　板、浪型	1(t)	2	1.02(t)
多孔	1(t)	3	1.03(t)
高铝格子砖　多孔	1(t)	3	1.03(t)
(3)750~5000m³ 高炉系列			
高炉本体			
黏土质耐火砖　普通泥浆	0.963	3.6	0.998
高强泥浆	0.964	3.6	0.999

章、节、砖种	净用量	损耗率(%)	定额数量
高铝砖　普通泥浆	0.967	3.6	1.002
高强泥浆	0.969	3.6	1.004
炭砖	0.995	1	1.005
刚玉砖	0.968	3.6	1.003
刚玉块	0.995	1	1.005
硅线石砖	0.968	3.6	1.003
碳化硅砖	0.982	1.5	0.997
铝碳化硅砖	0.967	3.6	1.002
莫来石砖	0.968	3.6	1.003
热风炉			
硅藻土隔热砖	0.891	1.8	0.907
黏土质隔热耐火砖	0.924	2.97	0.951
高铝质隔热耐火砖	0.953	3.6	0.987
硅质隔热耐火砖	0.959	3.6	0.993
硅砖	0.974	3.15	1.005
黏土质耐火砖　普通泥浆	0.948	3.24	0.978
高强泥浆	0.949	3.17	0.979
高铝砖　普通泥浆	0.968	4.05	1.007
高强泥浆	0.951	3.24	0.982
红柱石砖　普通泥浆	0.968	4.05	1.007
高强泥浆	0.968	3.24	0.999

章、节、砖种		净用量	损耗率(%)	定额数量
黏土格子砖	板、浪型	1(t)	2	1.02(t)
	多孔	1(t)	3	1.03(t)
高铝砖 多孔		1(t)	3	1.03(t)
硅线石格子砖 多孔		1(t)	3	1.03(t)
莫来石格子砖 多孔		1(t)	3	1.03(t)
硅质格子砖 多孔		1(t)	3	1.03(t)
(4)管道及除尘器、渣铁沟				
硅藻土隔热砖		0.885	2.7	0.909
黏土质隔热耐火砖		0.95	2.7	0.975
黏土质耐火砖 普通泥浆		0.958	4.19	0.998
高强泥浆		0.933	2.85	0.96
红柱石砖 普通泥浆		0.98	3.15	1.011
高强泥浆		0.98	2.7	1.006
渣铁沟黏土砖		0.943	2.36	0.965
(5)外燃式热风炉				
硅藻土隔热砖		0.895	1.8	0.911
黏土质隔热耐火砖		0.928	2.7	0.953
高铝质隔热耐火砖		0.949	2.9	0.977
硅质隔热砖		0.948	2.9	0.976
堇青石砖		0.965	3.15	0.995
硅砖		0.967	3.18	0.998

章、节、砖种	净用量	损耗率(%)	定额数量
黏土质耐火砖　普通泥浆	0.945	3.13	0.975
高强泥浆	0.949	2.63	0.974
高铝砖　普通泥浆	0.963	3.62	0.998
高强泥浆	0.951	2.89	0.978
黏土格子砖　多孔	1(t)	3	1.03(t)
高铝格子砖　多孔	1(t)	3	1.03(t)
硅线石格子砖　多孔	1(t)	3	1.03(t)
莫来石格子砖　多孔	1(t)	3	1.03(t)
硅质格子砖　多孔	1(t)	3	1.03(t)
3、鱼雷型混铁车			
黏土质耐火砖　普通泥浆	0.973	2.7	0.999
高强泥浆	0.973	2.7	0.999
高铝砖　普通泥浆	0.977	2.7	1.003
高强泥浆	0.977	2.7	1.003
4、炼钢炉系列			
铁水包(罐)			
包底　黏土质耐火砖	0.963	3	0.992
包底　蜡石砖	0.95	3	0.978
包壁　黏土质耐火砖(永久层)	1.001	3.5	1.045
包壁　黏土质耐火砖(工作层)	1.001	3.5	1.045
包壁　蜡石砖	0.967	3.5	1.001
包底　耐火浇注料	1	6	1.06

章、节、砖种	净用量	损耗率(%)	定额数量
包壁　耐火浇注料	1	6	1.06
5、电炉			
黏土质隔热耐火砖	0.939	2.55	0.963
黏土质耐火砖	0.961	2.8	0.988
高铝砖	0.97	4.02	1.009
镁砖　湿砌	0.971	2.02	0.991
干砌	0.995	2.26	1.017
镁碳砖　湿砌	0.982	3.2	1.013
干砌	0.992	2.26	1.015
6、步进式加热炉			
红砖	540(块)	2.7	555(块)
硅藻土隔热砖	0.938	3	0.966
黏土质隔热砖	0.951	3.7	0.986
高铝质隔热砖	0.943	2.55	0.967
黏土质耐火砖	0.95	3.9	0.987
黏土质吊挂砖	0.981	9	1.069
高铝砖	967	3	0.996
高铝吊挂砖	0.981	10.6	1.085
半硅砖	0.968	3.5	1.002
镁铬砖	0.958	4	0.996
莫来石砖	0.98	2	1

章、节、砖种	净用量	损耗率(%)	定额数量
高铝锚固砖	0.981	3	1.085
耐火浇注料　炉体	1	6	1.06
步进梁	1	6	1.06
隔热耐火浇注料	1	6	1.06
耐火可塑料	1	12	1.12
7、连续式加热炉			
红砖	518(块)	2.7	532(块)
硅藻土隔热砖	0.878	1.8	0.894
黏土质隔热耐火砖	0.934	2.25	0.955
高铝质隔热耐火砖	0.954	2.39	0.977
黏土质耐火砖	0.958	2.7	0.984
镁砖	0.956	1.8	0.973
高铝砖	0.966	2.7	0.992
8、立式退火炉			
高强隔热耐火砖	0.913	2	0.931
耐火锚固砖	0.984	2.5	1.009
耐火浇注料	1	6	1.06
隔热浇注料	1	6	1.06
耐酸浇注料	1	6	1.06
9、环形加热炉			
硅藻土隔热砖	0.913	1.8	0.929

章、节、砖种	净用量	损耗率(%)	定额数量
黏土质隔热耐火砖	0.943	2.79	0.969
漂珠高强隔热耐火砖	0.947	3.9	0.984
高铝质隔热耐火砖	0.955	2.7	0.981
黏土质耐火砖	0.968	3.2	0.999
高铝质锚固砖	0.984	2.5	1.009
高铝砖	0.972	3.15	1.003
10、罩式热处理炉			
硅藻土隔热砖	0.905	2.7	0.929
黏土质隔热耐火砖	0.932	2.7	0.958
黏土质耐火砖	0.966	3.6	1.001
11、均热炉			
红砖	526(块)	2.7	540(块)
硅藻土隔热砖	0.884	1.8	0.9
黏土质耐火砖	0.946	2.45	0.969
高铝砖	0.959	2.7	0.985
硅砖	0.96	2.7	0.986
镁砖	0.963	1.8	0.98
换热室砌体	1(t)	3	1.03(t)
二、其他炉窑			
1、隧道窑			
红砖	538(块)	2.7	553(块)

章、节、砖种	净用量	损耗率（%）	定额数量
黏土质耐火砖	0.939	2.3	0.961
高铝质隔热耐火砖	0.944	2.34	0.966
黏土质耐火砖	0.96	2.88	0.988
高铝砖	0.964	2.95	0.992
硅砖	0.96	2.96	0.988
镁铝砖	0.985	3.44	1.019
镁铬砖	0.977	1.8	0.995
碳化硅砖	0.939	1.83	0.956
电镕刚玉砖	0.964	0.45	0.968
硅线石砖	0.971	3.02	1
2、回转窑			
窑体			
耐碱隔热砖	0.982	4.5	1.026
黏土质耐火砖	0.977	2.97	1.006
高铝砖	0.977	3.06	1.007
磷酸盐结合高铝砖	0.977	3.06	1.007
莫来石砖　干砌	0.987	2.25	1.009
湿砌	0.978	2.25	1
堇青石砖　干砌	0.987	2.7	1.014
湿砌	0.978	3.15	1.009
抗剥落高铝砖　干砌	0.987	2.7	1.014

章、节、砖种	净用量	损耗率（%）	定额数量
湿砌	0.977	3.06	1.007
镁砖　干砌	0.987	2.25	1.009
湿砌	0.978	2.25	1
镁铬砖　干砌	0.987	2.25	1.009
湿砌	0.978	2.25	1
窑门罩及冷却机			
耐碱隔热砖	0.959	4.5	1.002
高铝砖	0.961	2.88	0.989
抗剥落高铝砖	0.962	2.88	0.99
镁铬砖	0.956	1.8	0.973
碳化硅砖	0.956	1.8	0.973
高铝质锚固砖	0.984	2.5	1.009
预热器及分解炉			
氧化铝隔热砖	0.953	2.7	0.979
高铝隔热耐火砖	0.952	2.7	0.978
耐碱黏土砖	0.954	2.7	0.98
抗剥落高铝砖	0.954	2.88	0.981
镁铬砖	0.954	1.8	0.971
风管			
氧化铝隔热砖	0.954	2.7	0.98
耐碱黏土砖	0.962	2.7	0.988

章、节、砖种	净用量	损耗率(%)	定额数量
3、环形套筒竖窑			
硅藻土隔热砖	0.904	2.5	0.927
黏土质隔热耐火砖	0.949	3.5	0.982
高铝质隔热耐火砖	0.95	3.5	0.983
黏土质耐火砖	0.967	3.8	1.004
镁铝尖晶石	0.974	4	1.013
高铝砖	0.967	3.35	0.999
硅线石砖	0.966	3.35	0.998
镁砖	0.974	2.27	0.996
4、连续式直立炉			
红砖	540(块)	2.7	555(块)
硅藻土隔热砖	0.901	2.25	0.921
黏土质隔热耐火砖	0.966	2.63	0.991
黏土质耐火砖	0.943	3.15	0.973
硅砖	0.942	3.6	0.976
格子砖	1(t)	2.5	1.025(t)
5、蒸汽锅炉			
红砖	533(块)	5	560(块)
硅藻土隔热砖	0.896	2	0.914
黏土质耐火砖	0.934	2	0.953
拆焰墙	1(t)	3	1.03(t)

章、节、砖种	净用量	损耗率（%）	定额数量
穿墙管	1（t）	3	1.03（t）
一般工业炉窑			
一、红砖、硅藻土隔热砖			
红砖　底、直墙	535（块）	4	556（块）
圆形墙	588（块）	4	612（块）
弧形拱	562（块）	4	584（块）
硅藻土隔热砖　底、直墙	0.885	2.5	0.907
圆形墙	0.909	2	0.927
弧形拱	0.923	2	0.941
管道内衬　φ<1m	0.909	3	0.936
管道内衬　φ>1m	0.903	3	0.93
二、黏土质隔热耐火砖			
黏土质隔热耐火砖　底、直墙	0.939	2.3	0.961
圆形墙	0.949	3.4	0.981
弧形拱	0.965	2.6	0.99
管道内衬　φ<1m	0.97	4.5	1.014
管道内衬　φ>1m	0.97	3	0.999
三、高铝质隔热耐火砖			
高铝质隔热耐火砖　底、直墙	0.939	2.2	0.96
圆形墙	0.949	3.5	0.982
弧形拱	0.965	2.8	0.992

章、节、砖种	净用量	损耗率(%)	定额数量
直、斜墙挂砖	0.98	2.7	1.006
圆形墙挂砖	0.98	3.3	1.012
烧嘴	0.965	4	1.004
四、黏土质耐火砖			
黏土质耐火砖　底、直墙　标普Ⅱ类	0.963	2.5	0.987
Ⅲ类	0.939	1.5	0.953
异特Ⅱ类	0.971	3	1
Ⅲ类	0.951	2.5	0.975
圆形墙　标普Ⅱ类	0.965	4	1.004
Ⅲ类	0.942	3	0.97
异特Ⅱ类	0.969	4	1.008
Ⅲ类	0.95	3	0.978
弧形拱　标普Ⅱ类	0.966	3	0.995
异特Ⅱ类	0.965	3.5	0.999
烧嘴	0.965	3	0.994
管道内衬　$\phi<1m$　标普　普通泥浆	0.971	3	1
高强泥浆	0.971	3	1
管道内衬　$\phi<1m$　异特　普通泥浆	0.969	3	0.998
高强泥浆	0.969	3	0.998
管道内衬　$\phi>1m$　标普　普通泥浆	0.971	3	1
高强泥浆	0.971	3	1

章、节、砖种		净用量	损耗率(%)	定额数量
管道内衬 φ>1m 异特 普通泥浆		0.969	3	0.998
高强泥浆		0.969	3	0.998
黏土质耐火砖 平、斜顶挂砖				
带齿 湿砌		0.969	2.5	0.993
干砌		0.979	2.5	1.003
不带齿 湿砌		0.98	2	1
干砌		0.987	2	1.007
反拱底 标普Ⅰ类		0.983	4	1.022
Ⅱ类		0.966	2.5	0.99
反拱底 异特Ⅰ类		0.982	4.5	1.026
Ⅱ类		0.964	2.5	0.988
漏斗 标普		0.972	4.5	1.016
异特		0.985	5	1.034
五、高铝砖				
高铝砖 底、直墙 标普Ⅰ类		0.978	4.5	1.022
Ⅱ类		0.963	2.5	0.987
异特Ⅰ类		0.982	4.5	1.027
Ⅱ类		0.971	2.5	0.995
圆形墙 标普Ⅰ类		0.982	5	1.031
Ⅱ类		0.965	3	0.994
异特Ⅰ类		0.984	5	1.033

章、节、砖种	净用量	损耗率(%)	定额数量
Ⅱ类	0.969	3	0.998
弧形拱 标普Ⅰ、Ⅱ类	0.962	4.5	1.005
弧形拱 异特Ⅰ、Ⅱ类	0.965	4.5	1.008
烧嘴	0.964	4	1.003
管道内衬 φ<1m 标普 普通泥浆	0.971	3.5	1.005
高强泥浆	0.971	3.5	1.005
管道内衬 φ<1m 异特 普通泥浆	0.969	3.5	1.003
高强泥浆	0.969	3.5	1.003
管道内衬 φ>1m 标普 普通泥浆	0.971	2	0.99
高强泥浆	0.971	2	0.99
管道内衬 φ>1m 异特 普通泥浆	0.969	2	0.988
高强泥浆	0.969	2	0.988
高铝砖 平、斜顶挂砖			
带齿 湿砌	0.969	2	0.988
干砌	0.979	2	0.999
不带齿 湿砌	0.979	2	0.999
干砌	0.986	2	1.006
反拱底 标普Ⅰ类	0.983	4	1.022
Ⅱ类	0.965	2.5	0.989
反拱底 异特Ⅰ类	0.982	4.5	1.026
Ⅱ类	0.964	2.5	0.988

章、节、砖种	净用量	损耗率(%)	定额数量
漏斗　标普	0.972	4.5	1.016
异特	0.985	5	1.034
六、硅砖			
硅砖　底、直墙　标普Ⅱ类	0.958	3.5	0.992
Ⅲ类	0.932	2.5	0.955
异特Ⅱ类	0.965	3.5	0.999
Ⅲ类	0.95	2.5	0.974
圆形墙　标普Ⅱ类	0.965	3.5	0.999
Ⅲ类	0.942	3	0.97
异特Ⅱ类	0.969	3.5	1.003
Ⅲ类	0.95	3	0.978
弧形拱　标普	0.966	3.5	1
弧形拱　异特	0.965	3.5	0.999
烧嘴	0.964	4	1.002
高铝砖　平、斜顶挂砖			
带齿　湿砌	0.969	2.5	0.993
干砌	0.979	2.5	1.003
不带齿　湿砌	0.98	2	1
干砌	0.986	2	1.006
反拱底　标普Ⅰ类	0.983	4.5	1.027
Ⅱ类	0.965	2.5	0.989

章、节、砖种		净用量	损耗率(%)	定额数量
反拱底　异特Ⅰ类		0.982	4.5	1.026
Ⅱ类		0.964	2.5	0.988
七、镁质砖				
镁砖　底、直墙　标普Ⅰ类		0.982	2	1.002
Ⅱ类		0.967	2	0.987
干砌		0.979	2	0.999
异特Ⅰ类		0.986	2	1.006
Ⅱ类		0.959	2	0.978
干砌		0.986	2	1.006
圆形墙　标普Ⅰ类		0.982	2	1.002
Ⅱ类		0.964	2	0.983
干砌		0.981	2	1.001
镁砖　圆形墙　异特Ⅰ类		0.984	2	1.004
Ⅱ类		0.969	2	0.988
干砌		0.983	2	1.003
弧形拱　标普		0.989	2	1.009
异特		0.99	2	1.01
反拱底　标普		0.99	2.5	1.015
异特		0.99	2.5	1.015
挂砖		0.99	4	1.03
八、石墨块、炭块				

章、节、砖种	净用量	损耗率（%）	定额数量
石墨块	0.99	1	1
炭块　直、斜墙	0.998	1	1.008
平斜底	0.992	1	1.002
立式圆形墙	0.998	1	1.008
九、刚玉砖			
刚玉砖　平、斜底　标普	0.958	0.3	0.961
异特	0.965	0.3	0.68
直、斜墙　标普	0.965	0.3	0.968
异特	0.973	0.3	0.976
立式圆形墙　标普	0.965	0.3	0.968
异特	0.969	0.3	0.972
弧形顶　标普	0.966	0.3	0.969
异特	0.964	0.3	0.967
球形顶　异特	0.97	0.3	0.973
烧嘴	0.964	0.3	0.967
十、格子砖			
黏土质耐火砖　换热室外　水玻璃泥浆	1（t）	4	1.04（t）
黏土质耐火砖　换热室外　高强泥浆	1（t）	4	1.04（t）
格子砖　蓄热室　板、浪型	1（t）	2.5	1.025（t）
多孔形同砌	1（t）	3	1.03（t）
多孔形错砌	1（t）	3	1.03（t）

章、节、砖种	净用量	损耗率(%)	定额数量
十一、15m³ 以下炉窑			
红砖	555(块)	5	583(块)
硅藻土隔热砖	0.912	2	0.93
黏土质隔热耐火砖	0.966	5	1.014
高铝质隔热耐火砖	0.964	5	1.012
黏土质耐火砖　普通泥浆	0.965	5	1.013
高强泥浆	0.965	5	1.013
高铝砖　普通泥浆	0.964	5	1.012
高强泥浆	0.964	5	1.012
硅砖	0.965	5	1.013
镁质砖　湿砌	0.971	5	1.02
干砌	0.99	5	1.04

二、常用耐火(隔热)制品容重(体积密度)表

制品名称	牌号或规格	容重(t/m³)
硅藻土隔热砖	GG - 0.4	0.4
	GG - 0.5	0.5
	GG - 0.6	0.6
	GG - 0.7a	0.7
	GG - 0.7b	0.7
黏土质隔热耐火砖	NG - 0.4	0.4
	NG - 0.5	0.5
	NG - 0.6	0.6
	NG - 0.7	0.7
	NG - 0.8	0.8
	NG - 0.9	0.9
	NG - 1.0	1
	NG - 1.3a	1.3
	NG - 1.3b	1.3
硅质隔热耐火砖	QG - 0.4	0.4
	QG - 0.6	0.6
	QG - 0.8	0.8
	QG - 1.0	1
	QG - 1.2	1.2
氧化铝隔热砖		0.6

制品名称	牌号或规格	容重（t/m³）
高铝质隔热耐火砖	LG－0.4	0.4
	LG－0.5	0.5
	LG－0.6	0.6
	LG－0.7	0.7
	LG－0.8	0.8
	LG－0.9	0.9
	LG－1.0	1
漂珠高强隔热耐火砖	PG－0.5	0.5
	PG－0.7	0.7
	PG－0.9	0.9
氧化铝空心球砖	一级品	1.2
	二级品	1.4
	三级品	1.6
黏土质耐火砖	N－1	2.2
	N－2a	2.15
	N－2b	2.15
	N－3a	2.1
	N－4	2.11
	N－5	2.1
	N－6	2.06

制品名称	牌号或规格	容重(t/m³)
高炉用黏土质耐火砖	GN－41	2.2
	GN－42	2.2
热风炉用黏土质耐火砖	RN－36	2.1
	RN－40	2.15
	RN－42	2.2
致密黏土砖	NZM	2.38
耐碱黏土砖		2.1
低气孔黏土砖		2.1
硅砖	GZ－93	1.9
	GZ－94	1.9
焦炉用硅砖	JN－94	1.9
平炉炉顶用硅砖	PG－95	2.1
半硅砖		2
高铝砖	LZ－48	2.3
	LZ－55	2.45
	LZ－65	2.6
高炉用高铝砖	GL－48	2.4
	GL－55	2.6
	GL－65	2.8

制品名称	牌号或规格	容重(t/m³)
热风炉高铝砖	RL－48	2.3
	RL－55	2.45
	RL－65	2.6
电炉炉顶高铝砖	DL－65	2.55
	DL－75	2.75
	DL－80	2.8
抗剥落高铝砖		2.6
磷酸盐结合高铝砖	P－75	2.65
	PA－77	2.7
	PA－80	2.8
莫来石砖		2.85
红柱石砖		2.75
硅线石砖		2.55
镁砖	MZ－87	2.8
	MZ－89	2.9
镁碳砖	MT－12A	2.85
	MT－12B	2.8
	MT－12C	2.75
电熔镁砖		3
铝碳砖	TKL－1	2.5
镁硅砖	MGZ－82	2.8

制品名称	牌号或规格	容重(t/m³)
镁铝砖	MI－80	3
镁铬砖	Mge－12	2.8
	Mge－8	3
炭砖(块)	成品	1.6
碳化硅砖		2.6
铝碳化硅砖		2.85
刚玉砖	烧结型	3.1
电熔刚玉砖		3.1
2B刚玉砖		3.2
电熔锆玉砖		3.3
锆英石砖	ZS－Z	3.3
	ZS－G	3.8
电熔玄武岩板		2.6
石墨块		1.72
焦油白云石砖		2.8
石英砖		2.1
董青石砖	结合黏土质	2.05
	结合高铝质	2.4
缸砖		2.2
耐碱隔热砖		1.7
氧化铝空心球		1.4

制品名称	牌号或规格	容重(t/m³)
硅酸铝纤维毡		0.2
高铝纤维毡		0.32
耐火喷涂料	FN－130	1.65
	FN－140	1.95
耐火可塑料		2.2
粗缝糊	THC－1	1.65
阳极糊	THY－1	1.38
炭素捣打料	BFD－S10	1.8
刚玉质耐火捣打料		3.2
碳化硅质耐火捣打料		2.8
高铝质耐火捣打料		2.6
岩棉		0.15
珍珠岩		0.12
硅酸钙板	220 号	0.22
黏土陶粒	统料	0.7
红砖		1.8
石棉板		1
水渣		0.5
干砂		1.5
沥青		1.25
无水泥浆		2.3
炭胶		1.6

三、主要材料参考价格表

序号	材料名称	规格	单位	预算价格（元）
1	焦炉硅砖	JG-94 不分型	t	2102.82
2	焦炉硅砖	S21 不分型	t	2153.12
3	一般硅砖	GZ-95 标	t	942.85
8	一般硅砖	GZ-95 普	t	1105.41
9	一般硅砖	GZ-95 异	t	1369.57
10	一般硅砖	GZ-95 特	t	1623.57
11	一般硅砖	GZ-95 超	t	2044.19
12	一般硅砖	GZ-94 标	t	871.73
13	一般硅砖	GZ-94 普	t	953.01
14	一般硅砖	GZ-94 异	t	1217.17
15	一般硅砖	GZ-94 特	t	1359.41
16	一般硅砖	GZ-94 超	t	1700.78
17	硅质格子砖（热风炉用）	SZL(不分型)	t	1854.96
22	黏土质耐火砖	N-2a 标	t	1247.72
23	黏土质耐火砖	N-2a 普	t	1298.02
24	黏土质耐火砖	N-2a 异	t	1298.02
25	黏土质耐火砖	N-2a 特	t	1348.32
26	黏土质耐火砖	GN-42 不分型	t	1549.52
35	黏土质格子砖	焦炉用	t	1861.38
36	黏土质格子砖	热风炉用	t	1650.12

序号	材料名称	规格	单位	预算价格（元）
37	高铝砖	RL – 65 标	t	1700.42
38	高铝砖	RL – 65 普	t	1700.42
39	高铝砖	RL – 65 异	t	1750.72
40	高铝砖	RL – 65 特	t	1851.32
41	高铝砖	RL – 55 标	t	932.69
42	高铝砖	RL – 55 普	t	1064.77
43	高铝砖	RL – 55 异	t	1318.77
44	高铝砖	RL – 55 特	t	1623.57
45	高铝砖	LZ – 65 标	t	1448.92
46	高铝砖	LZ – 65 普	t	1599.82
47	高铝砖	LZ – 65 异	t	1750.72
48	高铝砖	LZ – 65 特	t	1901.62
57	高铝砖	DL – 80 不分型	t	2456.69
58	高铝砖	DL – 75 不分型	t	2294.13
59	高铝砖	DL – 65 不分型	t	2344.93
60	高铝砖	DL – 55 不分型	t	2162.05
61	高铝格子砖（热风炉用）	RL – 65	t	2505.22
62	镁砖	MZ – 87 标	t	1908.05
63	镁砖	MZ – 87 普	t	2050.29
64	镁砖	MZ – 87 异	t	2243.33
65	镁砖	MZ – 87 特	t	2477.01

序号	材料名称	规格	单位	预算价格(元)
66	镁铝砖	MZ – 80　标	t	1999.49
67	镁铝砖	MZ – 80　普	t	2172.21
68	镁铝砖	MZ – 80　异	t	2365.25
69	镁铝砖	MZ – 80　特	t	2598.93
70	镁铬砖	MGe – 8　标	t	2253.49
71	镁铬砖	MGe – 8　普	t	2405.89
72	镁铬砖	MGe – 8　异	t	2700.53
73	镁铬砖	MGe – 8　特	t	2944.37
74	镁铬砖	MGe – 12　标	t	2436.37
75	镁铬砖	MGe – 12　普	t	2670.05
76	镁铬砖	MGe – 12　异	t	2944.37
77	镁铬砖	MGe – 12　特	t	3299.97
78	镁碳砖	MTIOA　标	t	4488.69
79	镁碳砖	MTIOA　普	t	4945.89
80	镁碳砖	MTIOA　异	t	5850.13
81	镁碳砖	MTIOA　特	t	6561.33
82	黏土质隔热耐火砖	NG – 1.3a　标	t	1244.6
83	黏土质隔热耐火砖	NG – 1.3a　普	t	1432.56
84	黏土质隔热耐火砖	NG – 1.3a　异	t	1727.2
85	黏土质隔热耐火砖	NG – 1.3a　特	t	2204.72
86	黏土质隔热耐火砖	NG – 1.0　标	t	1574.8

序号	材料名称	规格	单位	预算价格（元）
87	黏土质隔热耐火砖	NG－1.0　普	t	1828.8
88	黏土质隔热耐火砖	NG－1.0　异	t	2219.96
89	黏土质隔热耐火砖	NG－1.0　特	t	2865.12
90	黏土质隔热耐火砖	NG－0.8　标	t	2072.64
91	黏土质隔热耐火砖	NG－0.8　普	t	2428.24
92	黏土质隔热耐火砖	NG－0.8　异	t	2966.73
93	黏土质隔热耐火砖	NG－0.8　特	t	3860.8
94	高铝质隔热耐火砖	LG－1.0　标	t	2189.48
95	高铝质隔热耐火砖	LG－1.0　普	t	2667
96	高铝质隔热耐火砖	LG－1.0　异	t	3352.8
97	高铝质隔热耐火砖	LG－1.0　特	t	4724.4
98	高铝质隔热耐火砖	LG－0.8　标	t	2829.56
99	高铝质隔热耐火砖	LG－0.8　普	t	3464.56
100	高铝质隔热耐火砖	LG－0.8　异	t	4480.56
101	高铝质隔热耐火砖	LG－0.8　特	t	6217.92
102	硅藻土隔热耐火砖	GG－0.7b　标	t	1066.8
103	硅藻土隔热耐火砖	GG－0.7b　普	t	1259.84
104	硅藻土隔热耐火砖	GG－0.7b　异	t	1544.32
105	硅藻土隔热耐火砖	GG－0.7b　特	t	2103.12
106	漂珠高强隔热耐火砖	不分型	t	1454.91
107	缸砖		t	744.73

序号	材料名称	规格	单位	预算价格(元)
108	堇青石砖	不分型	t	1847.09
109	莫来石砖	H21 不分型	t	12601.59
110	硅线石砖	H23 不分型	t	9238.91
111	硅线石砖	H31 不分型	t	5884.1
112	焦油白云石砖	不分型	t	655.39
113	刚玉砖	DGZ 标	t	8324.17
114	刚玉砖	DGZ 普	t	9485.69
115	刚玉砖	DGZ 异	t	11808.73
116	刚玉砖	DGZ 特	t	17035.56
117	电熔锆刚玉砖	30 号 普	t	4058.51
118	电熔锆刚玉砖	30 号 异	t	4292.68
119	电熔锆刚玉砖	30 号 特	t	4526.81
120	电熔锆刚玉砖	30 号 超	t	4878.03
121	电熔锆刚玉砖	33 号 普	t	4643.88
122	电熔锆刚玉砖	33 号 异	t	4878.03
123	电熔锆刚玉砖	33 号 特	t	5112.18
124	电熔锆刚玉砖	33 号 超	t	5463.4
125	浸磷黏土砖	不分型	t	1541.96
126	碳化硅砖	SIC 不分型	t	11194.29
127	漂珠砖	PG－0.9	t	1192.79
128	玄武岩板	$\delta = 25$	t	330

序号	材料名称	规格	单位	预算价格(元)
129	高炉炭块	成套加工	t	8517.13
130	石英砖	不分型	t	1183.06
131	炭块	400×400	t	1523.13
132	炭块	400×115	t	1777.63
133	锆英石砖	ZS－Z	t	5420.15
134	石墨块	毛坯	t	1962.24
135	抗剥落高铝砖		t	1844.4
136	铸石板		t	673.54
137	红砖	240×115×53	千块	236
138	低气孔黏土砖	DN－46 不分型	t	1147.7
139	红柱石砖	DLD 不分型	t	4376.93
140	轻质硅线石砖　标		t	4718.3
141	泡沫刚玉轻质砖		t	13565.67
142	铸铁砖	400mm×400mm×400mm	m³	10416
143	半硅砖		t	541.7
144	耐火混凝土预制块		m³	1617.47
145	耐碱隔热耐火砖		t	2678.59
146	硅质隔热耐火砖	PSB 不分型	t	2572.48
147	硅酸钙板		m³	1353.41
148	黏土质耐火浇注料预制块		m³	2261.38
149	高铝质耐火浇注料预制块		m³	5014.53

序号	材料名称	规格	单位	预算价格（元）
150	镁质耐火浇注料预制块		m³	14596.73
151	刚玉质耐火浇注料预制块		m³	25051
152	铝碳化硅砖		t	10329
153	铝碳砖		t	5760
154	刚玉块		t	9485.69
155	硅线石格子砖		t	7291.94
156	莫来石格子砖		t	12601.59
157	隔板	黏土质耐火砖　N-2a	t	1024.13
158	磷酸结合高铝砖		t	1844.96
159	氧化铝隔热砖		t	7657.08
160	耐碱黏土砖		t	783.75
161	黏土质耐火浇注料	X	t	957
162	高铝质耐火浇注料	C30	t	1309
163	镁铬质耐火浇注料		t	5104.38
164	刚玉质耐火浇注料		t	8015.24
165	莫来石质耐火浇注料		t	6189
166	低水泥质耐火浇注料		t	2564.38
167	隔热耐火浇注料		t	938.78
168	炭素捣打料		t	4378
169	镁铬质捣打料		t	1290
170	白云石耐火捣打料		t	897

序号	材料名称	规格	单位	预算价格(元)
171	黏土质耐火捣打料		t	2056.38
172	高铝质耐火捣打料		t	4800
173	莫来石质耐火捣打料		t	9200
174	刚玉质耐火捣打料		t	10000
175	碳化硅耐火捣打料		t	5400
176	轻质耐火喷涂料	CL－130G	t	2367.52
177	重质耐火喷涂料	CL－130G	t	1214
178	耐酸耐火喷涂料	MLX687G	t	3020
179	纤维耐火喷涂料	矿渣棉短纤维	t	622
180	抹灰料		10m²	78.91
181	涂料		10m²	17.63
182	硅藻土隔热碎块		t	494
183	填料	黏土颗粒	t	398.09
184	灌浆		t	127.05
185	无水泥浆		kg	8.6
186	炭胶		t	1170
187	硅酸铝耐火纤维毡	普通	kg	6.87
188	硅酸铝纤维毡 含锆普		kg	26.85
189	黏土骨料	NG42 粒度 5～15	t	415.54
190	矾土骨料	LG60 粒度 5～15	t	436.88
191	高铝骨料	粒度 3～5	t	430.78

序号	材料名称	规格	单位	预算价格（元）
192	陶粒粉		kg	0.13
193	陶粒	（容重≤700）5～1.2mm	kg	0.67
194	蛭石（容重0.25t/m³）	统料	kg	0.32
195	珍珠岩		kg	1.65
196	耐火纤维模块	成品0.35t/m³	m³	1580
197	刚玉颗粒	10～30mm	kg	4.76
198	钢纤维浇注料	DBWHL－1	t	4393.18
199	耐磨浇注料	BL－D	t	3173.98
200	湿填料		m³	309.38
201	铁屑填料		m³	1606.43
202	耐火可塑料	PLS－45	t	1243.58